Business Engineering

Herausgegeben von W. Brenner, H. Österle, R. Winter

Business Engineering

V. Bach, H. Österle (Hrsg.)
Customer Relationship Management in der Praxis
2000. ISBN 3-540-67309-1

H. Österle, R. Winter (Hrsg.)
Business Engineering, 2. Auflage
2003. ISBN 3-540-00049-6

R. Jung, R. Winter (Hrsg.)
Data-Warehousing-Strategie
2000. ISBN 3-540-67308-3

E. Fleisch
Das Netzwerkunternehmen
2001. ISBN 3-540-41154-2

H. Österle, E. Fleisch, R. Alt
Business Networking in der Praxis
2002. ISBN 3-540-42776-7

S. Leist, R. Winter (Hrsg.)
Retail Banking im Informationszeitalter
2002. ISBN 3-540-42776-7

C. Reichmayr
Collaboration und WebServices
2003. ISBN 3-540-44291-X

O. Christ
Content-Management in der Praxis
2003. ISBN 3-540-00103-4

E. von Maur, R. Winter (Hrsg.)
Data Warehouse Management
2003. ISBN 3-540-00585-4

L. Kolbe, H. Österle, W. Brenner (Hrsg.)
Customer Knowledge Management
2003. ISBN 3-540-00541-2

R. Alt, H. Österle
Real-time Business
2003. ISBN 3-540-44099-2

G. Riempp
Integrierte Wissensmanagement-Systeme
2003. ISBN 3-540-20495-4

T. Puschmann
Prozessportale
2004. ISBN 3-540-20715-5

H. Österle, A. Back, R. Winter, W. Brenner
Business Engineering – Die ersten 15 Jahre
2004. ISBN 3-540-22051-8

Rüdiger Zarnekow · Walter Brenner
Uwe Pilgram

Integriertes Informations-management

Strategien und Lösungen für das
Management von IT-Dienstleistungen

Mit 84 Abbildungen

 Springer

Dr. Rüdiger Zarnekow
Professor Dr. Walter Brenner
Universität St. Gallen
Institut für Wirtschaftsinformatik
Müller-Friedberg-Straße 8
9000 St. Gallen
Schweiz
ruediger.zarnekow@unisg.ch
walter.brenner@unisg.ch

Uwe Pilgram
T-Systems CDS
Oberkassler Straße 2
53227 Bonn
uwe.pilgram@t-systems.com

ISSN 1616-0002
ISBN 3-540-23303-2 Springer Berlin Heidelberg New York

Bibliografische Information Der Deutschen Bibliothek
Die Deutsche Bibliothek verzeichnet diese Publikation in der Deutschen Nationalbibliogra-
fie; detaillierte bibliografische Daten sind im Internet über <http://dnb.ddb.de> abrufbar.

Springer ist ein Unternehmen von Springer Science+Business Media

springer.de

© Springer-Verlag Berlin Heidelberg 2005
Printed in Germany

SPIN 11329565   42/3153-5 4 3 2 1 0 – Gedruckt auf säurefreiem Papier

Vorwort

Nach Jahren scheinbarer Ruhe wird dem Informationsmanagement in den Unternehmen wieder mehr Aufmerksamkeit gewidmet. IT-Bereiche und CIOs stehen vor einer ganzen Reihe neuer Herausforderungen, die sie dazu zwingen, ihre bisherigen Strategien und Lösungen für das Informationsmanagement zu überdenken. Beispielhaft seien nur die Entwicklungen rund um eine stärkere Kunden-, Service- und Prozessorientierung der IT-Bereiche oder um neue Formen der IT-Governance genannt. Fragen nach der Effizienz und Effektivität des IT-Einsatzes im Unternehmen rücken stärker in den Vordergrund. IT-Bereiche geraten zunehmend unter Druck, wenn ihre Leistungen in Hinblick auf Qualität, Funktionalität und Transparenz nicht den Anforderungen der Kunden entsprechen. Die Intensität, mit der die Diskussionen rund um die Themenkreise Kosten, Outsourcing oder Offshoring zwischen IT-Bereichen und Geschäftsbereichen geführt werden, bringt dies beispielhaft zum Ausdruck.

Das vorliegende Buch widmet sich den Herausforderungen im Informationsmanagement. Es stellt mit dem Modell eines integrierten Informationsmanagements ein Rahmenwerk für das Management von IT-Dienstleistungen und für die Gestaltung des Informationsmanagements in der Praxis vor. Bei der Ausarbeitung des Modells haben wir uns von zwei Grundsätzen leiten lassen: Welche Konsequenzen hat eine outputorientierte Betrachtung, die sich an den Produkten und Leistungen eines IT-Bereichs aus Kundensicht orientiert, für das Informationsmanagement? Und welche erfolgreichen Managementkonzepte und Methoden aus anderen Branchen, z.B. aus der Industrie- und Dienstleistungsbranche, können auf das Informationsmanagement übertragen werden? Diese beiden Leitfragen haben, in Verbindung mit einer Vielzahl von Gesprächen mit Führungskräften aus IT- und Geschäftsbereichen, die Entstehung des vorliegenden Modells maßgeblich geprägt.

Das Modell eines integrierten Informationsmanagements stellt ein Rahmenwerk dar. Wir sind uns der Vielzahl offener Fragen bewußt, die nur durch weitere Arbeiten und Konkretisierungen gelöst werden können. Das vorliegende Buch beschreibt somit nicht den Endpunkt einer Entwicklung, sondern bildet vielmehr den Ausgangspunkt für weitere Forschungsarbeiten und für eine breite Auseinandersetzung mit Themen des Informationsmanagements in Wissenschaft und Praxis. In diesem Sinne freuen wir uns auf ein vielfältiges Feedback. Viele Personen haben mit ihren Ideen und Konzepten zu diesem Buch beigetragen. Wir danken den Partnerunternehmen des Kompetenzzentrums "Integriertes Informationsmanagement", namentlich der Altana Pharma, Deutschen Bahn, Deutschen Bank, Deutschen Telekom und dem Eidgenössischen Justiz- und Polizeidepartement, die seit dem Jahr 2002 aktiv an der Ausarbeitung des Modells beteiligt waren. Wichtige Forschungsbeiträge wurden zudem durch Axel Hochstein, Jaroslav Hulvej und Jochen Scheeg geleistet. Ihre Beiträge sind im Text erkenntlich gemacht.

St. Gallen, im Januar 2005   Die Autoren

Inhaltsverzeichnis

1 Einführung

1.1 Status quo des Informationsmanagements

Kaum ein Beitrag zum Unternehmenserfolg in Industrie und Verwaltung wird so häufig kritisiert und so schlecht bewertet wie die Dienstleistungen der IT-Bereiche. Nahezu jeder kann über zahlreiche Beispiele berichten, in denen IT-Projekte nicht rechtzeitig fertig gestellt wurden, Anwendungen nicht zur Verfügung standen oder Mitarbeiter frustriert vor einem viel zu langsamen PC saßen. Bei Störungen erkennt der IT-Bereich nur selten, in welchem Ausmaß das Geschäft beeinflußt wird. In vielen Unternehmen steht es nicht gut um den Austausch von Informationen und Daten. Schon die hauseigene Electronic Mail schafft es nur mühsam, Dokumente über Firmengrenzen hinweg zu transportieren, und ein gemeinsamer Kalender ist eher eine Seltenheit. Es hat auch schon Kunden gegeben, die auf einen Umlaut in ihrem Namen nicht verzichten wollten und deshalb ihren IT-Lieferanten untreu wurden. Zu guter Letzt ist dann das Ganze auch noch viel zu teuer. Dies ist schon seit vielen Jahren so und das Management der IT-Bereiche hat sich daran mehr oder weniger gewöhnt.

Sicherlich ist diese Sicht ein wenig pauschal. Genaue Analysen, die wir in Kapitel 2 vorstellen, zeigen jedoch, daß in vielen Unternehmen die Effektivität von IT-Lösungen oft nicht nachgewiesen wird und ihre Effizienz nicht ausreichend bekannt ist. Nicht von ungefähr gibt es ein großes Angebot an Benchmarking-Kennzahlen für IT-Dienstleistungen.

Natürlich bleibt es nicht nur bei Kritik. Sehr häufig erkennt die Unternehmensführung, daß sie nicht in der Lage ist, die Leistungen ihrer IT-Bereiche zu beurteilen. Deshalb wandelt man die IT-Bereiche in eigenständige Firmen um, die am Markt beweisen sollen, daß sie ein wettbewerbsfähiges Angebot haben und effizient arbeiten können. Spätestens wenn dann Ressourcen und Mittel für Investitionen in das neue Geschäftsfeld erforderlich werden, zeigt sich, daß IT-Dienstleistungen eben doch kein Kerngeschäft sind. Und die Kunden, die auch ein Stück weit Versuchskaninchen in Sachen Effizienznachweis sind, haben das Nachsehen. Eine solidere Alternative ist das Outsourcing des IT-Bereichs. Hier vertraut man einem Team von Spezialisten mehr als dem eigenen Können. Mit umfangreichen und detaillierten Verträgen wird die Zusammenarbeit geregelt und eine Basis für die Beurteilung von Leistung und Preis geschaffen.

Dies sind nur einige exemplarische Probleme und Herausforderungen, mit denen das Informationsmanagement derzeit zu kämpfen hat.

Das Informationsmanagement ist als Teil der Unternehmensführung verantwortlich für die Erkennung und Umsetzung der Potentiale der Informations- und Kommunikationstechnologie in unternehmerische Lösungen. In der Praxis werden die Begriffe Informationsmanagement und IT-Management häufig synonym verwendet.

Um Ursachen für die beschriebenen Probleme herauszufinden, lohnt es sich, die wesentlichen Grundsätze des Managements der IT-Bereiche zu betrachten und mit den Vorgehensweisen in anderen Unternehmensteilen zu vergleichen. Dabei fallen mehrere bemerkenswerter Unterschiede ins Auge:

- *Es gibt erst seit ganz kurzer Zeit IT-Prozessmodelle* (z.B. ITIL, COBIT), die eine Dokumentation von "Best Practices" darstellen. Die große Aufmerksamkeit und breite Akzeptanz dieser Modelle zeigt, daß in den IT-Bereichen bisher oft eher wenig systematisch gearbeitet wurde.

- *Es gibt häufig kein durchgängiges Qualitätsmanagement* für die aktuell produzierten IT-Dienstleistungen. Die Kosten schlechter Qualität, gemessen am Einsatz von IT-Ressourcen ohne Nutzen im Unternehmen, sind selten bekannt. Umfragen zeigen, daß Anwender in mehr als 30% aller Fälle mit Fehlern zu kämpfen haben. Bei diesen Fehlern, gleich aus welchem Grund sie entstehen, wird Aufwand verursacht, dem kein Nutzen entgegensteht.

- *Es gibt keine breit akzeptierte Kostenrechnung* für IT-Dienstleistungen, die als Basis für ein Kostenmanagement dienen könnte. Bisher konzentrieren sich die IT-Manager auf die Verrechnung von Primärkosten. Ein Vertriebsvorstand erhält also bisher Informationen über die Kosten für Rechnerleistung und Plattenspeicher seiner Vertriebsanwendungen und erfährt wenig über die IT-Kosten für die Bearbeitung und Speicherung von Kundenaufträgen.

- *Die IT-Manager fokussieren ihre Aufmerksamkeit auf die Weiterentwicklung* von Anwendungssystemen für Kernprozesse. Sie praktizieren in erster Linie ein Management der Veränderung der IT-Dienstleistungen, als eine Optimierung von Kosten und Qualität der aktuellen Leistungen. Dem Management der oft knappen Ressource "Anwendungsentwickler" wird sehr hohe Aufmerksamkeit gewidmet. Interessant ist, daß die Entwicklungskosten der IT-Dienstleistungen für Kernsysteme selten mehr als 20% des IT-Budgets ausmachen.

- *Die Wirtschaftlichkeit von IT-Investitionen wird häufig nur an den Entwicklungs- und Inbetriebnahmekosten neuer oder geänderter Anwendungen ermittelt.* Gleiches gilt für Priorisierung der IT-Ressourcen. Dabei sind die Betriebskosten von Anwendungen in der Regel deutlich höher als die Kosten für Entwicklung und Wartung der Anwendungssysteme.

- *Einmal aufgebaute Infrastruktur für die Herstellung von IT-Dienstleistungen wird häufig nicht auf Auslastung überprüft und an den aktuellen Bedarf angepaßt.* Eine Abschaltung von Anwendungssystemen und eine erneute Verwendung der eingesetzten technischen Plattformen sind eher selten.

Zusammenfassend läßt sich sagen, daß Prioritäten und Methoden des Informationsmanagements in der Praxis häufig durch eine starke Fokussierung auf die Entwicklung neuer Anwendungen gekennzeichnet sind. Damit verbunden ist eine zu geringe Aufmerksamkeit hinsichtlich des Managements von Betriebskosten und Betriebsqualität. In der Folge werden die Kosten häufig höher und die Qualität schlechter als von den Geschäftsbereichen erwartet und aus den Notwendigkeiten des Geschäftes erforderlich. Was nützt eine neue Software im Customer Relationship Management, wenn die Mitarbeiter des Vertriebes ihre Berichte in umständlichen Dialogen, verbunden mit langen Wartezeiten, eingeben müssen? Der Nutzen der IT-Dienstleistungen in den Prozessen entsteht nur dann in vollem Umfang, wenn die geplanten Funktionen in der erwarteten Qualität eingesetzt werden können. Da die Anwender von IT-Dienstleistungen sich in erster Linie anhand der aktuellen Unterstützung ihrer Arbeit eine Meinung bilden, ist Kritik die unausweichliche Folge.

Was müssen die Manager der IT-Bereiche tun, damit ihre Leistungen breit akzeptiert werden? Diese Frage steht im Mittelpunkt dieses Buches. In der Einleitung wollen wir zunächst einige grundlegende Konzepte und Begriffsklärungen zur Rolle von IT-Dienstleistungen im Unternehmen, zur Herstellung von IT-Dienstleistungen und zu den Anforderungen an ein integriertes Informationsmanagement vorstellen.

1.2 Rolle von IT-Dienstleistungen im Unternehmen

Es gibt keine Zweifel, daß die Dienstleistungen der IT-Bereiche in Unternehmen dringend gebraucht werden. Die IT-Dienstleistungen sollen für effiziente Geschäftsprozesse sorgen und die Qualität der Ergebnisse dieser Prozesse sichern. Grosse Mengen zu bewältigen und hohe Komplexität zu beherrschen, ist ohne IT-Dienstleistungen nicht möglich. Mit den folgenden Definitionen positionieren und strukturieren wir die Dienstleistungen der IT-Bereiche.

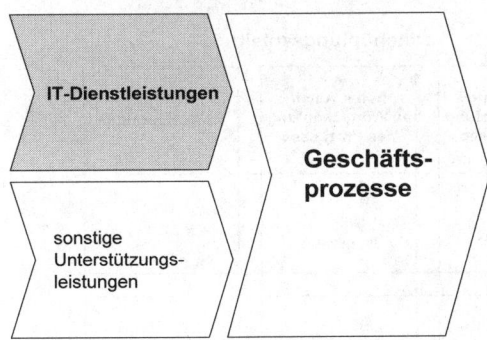

Abb. 1. IT-Dienstleistungen zur Unterstützung von Geschäftsprozessen

IT-Dienstleistungen sind Leistungen zur Unterstützung der Geschäftsprozesse von Industrie und Verwaltung (siehe Abb. 1). IT-Dienstleistungen werden durch den Betrieb von Anwendungssystemen produziert. Sie werden an den Anwender der

IT-Dienstleistungen geliefert. Der Nutzen von IT-Dienstleistungen entsteht durch deren Anwendung in den Geschäftsprozessen.

Das Informationsmanagement hat die Aufgabe, diese Leistungen effizient und in ausreichender Qualität herzustellen und sie entsprechend den sich ändernden Anforderungen der Geschäftsprozesse funktional und qualitativ weiterzuentwikkeln.

IT-Dienstleistungen lassen sich in zwei Dimensionen klassifizieren: nach ihrer Abhängigkeit von den zu unterstützenden Geschäftsprozessen und nach ihrem Anteil an der Wertschöpfung der unterstützten Prozesse (siehe Abb. 2). Gegliedert nach dem Zusammenhang mit Geschäftsprozessen unterscheiden wir:

- *Prozeßneutrale IT-Dienstleistungen*, wie E-Mail, Kalender, Textverarbeitung, Busineßgrafik, Dokumenten-Management, usw. Diese Leistungen könne ohne Kenntnis, in welchen Geschäftsprozessen sie eingesetzt werden sollen, geplant und hergestellt werden.

- *Prozeßbezogene IT-Dienstleistungen für das Backoffice*, wie Finanzbuchhaltung, Gehaltsabrechnung, Controlling-Systeme, Cash Management usw. Diese IT-Dienstleistungen sind zwar für die unterstützten Prozesse gestaltet, sind aber nur wenig abhängig vom Geschäft.

- *Prozeßbezogene IT-Dienstleistungen für Middle- und Frontoffice*, wie Customer Relationship Management (CRM), Enterprise Resource Planning (ERP), Logistik (z.B. Auftragsbearbeitung, Transport), Produktionssysteme usw. Diese IT-Dienstleistungen sind für die unterstützten Prozesse gestaltet und stark abhängig vom Geschäft.

Wertschöpfungsanteil

	geringer Anteil an Wertschöpfung des Prozesses	hoher Anteil an Wertschöpfung des Prozesses	Verkaufsprodukt
Prozeßneutrale IT-Dienstleistungen	z.B. Telefon, Fax	z.B. E-Mail, Groupware	
Prozeßbezogene IT-Dienstleistungen für Backoffice	z.B. Personalbeschaffung	z.B. FiBu, Controlling	
Prozeßbezogene IT-Dienstleistungen für Middle- und Frontoffice	z.B. Strategieentwicklung	z.B. CRM, ERP, Logistik	z.B. elektr. Ticket, Girokonto

Prozeßbezug

Abb. 2. Klassifikation von IT-Dienstleistungen

Gegliedert nach dem Wertschöpfungsbeitrag unterscheiden wir:

- *IT-Dienstleistungen mit geringem Anteil an der Wertschöpfung* eines Prozesses,

- *IT-Dienstleistungen mit einem hohen Anteil an der Wertschöpfung* eines Prozesses und wesentlichem Einfluß auf Kosten und Qualität des Prozesses,

- *IT-Dienstleistungen, die als Verkaufsprodukte dem Kunden der Unternehmen direkt zur Verfügung stehen*, wie Girokonten, Elektronische Tickets usw. Der Prozeß zur Herstellung der IT-Dienstleistungen ist hier direkt der Produktionsprozeß des Unternehmens.

Diese Gliederung wird uns im folgenden helfen, angemessen strukturierte Verfahren des Informationsmanagements zu finden. Das Portfolio an IT-Dienstleistungen erhält so eine Struktur, die bereits ihre enge Beziehung zu den Geschäftsprozessen unterstreicht.

Die Wirtschaftlichkeit von IT-Dienstleistungen läßt sich durch das Verhältnis ihres Effekts auf Kosten und Qualität der Geschäftsprozesse zu ihren Herstellkosten bestimmen. Diese Herstellkosten umfassen dabei natürlich auch die Kosten der Erstellung und Wartung von Anwendungssystemen und die Kosten der Planung der IT-Dienstleistungen. Diese Betrachtung zur Wirtschaftlichkeit ist zum einen für eine Entscheidung über die Bereitstellung zusätzlicher IT-Dienstleistungen erforderlich. Sie kann aber zum anderen auch zu einer regelmäßigen Überprüfung der Effekte der IT-Dienstleistungen in den Geschäftsprozessen genutzt werden, um den richtigen Zeitpunkt zum Beenden der Bereitstellung einer IT-Dienstleistung zu erkennen. Dieses Lebenszyklus-Management von IT-Dienstleistungen trägt ganz erheblich zur Senkung von IT-Kosten bei.

1.3 Die Herstellung von IT-Dienstleistungen

Bevor wir uns näher mit dem Management von IT-Dienstleistungen auseinandersetzen, möchten wir kurz die grundsätzliche Struktur der Herstellung von IT-Dienstleistungen darstellen.

Fünf Produktionsmittel sind, stark vereinfacht und verallgemeinert dargestellt, erforderlich, um IT-Dienstleistungen herzustellen:

- *Anwendungsprogramme*, um die geforderte Funktionalität der IT-Dienstleistung, die eigentliche "Datenverarbeitung", auszuführen und die dazu erforderlichen Daten zu verwalten,

- *Datenspeicher* zur Speicherung und zur Bereitstellung der für die IT-Dienstleistung erforderlichen Daten,

- *Server* mit Betriebsystemen und Verwaltungssoftware zur Ausführung aller zentralen Algorithmen zur Transformation der Daten und zur Steuerung des gesamten Herstellungsprozesses der IT-Dienstleistungen,

- *Wide Area Networks (WAN) und Local Area Networks (LAN)* zum Transport von Daten zwischen den Servern und den Arbeitsplatzsystemen der Anwender,

- *Arbeitsplatzsysteme* als Instrument zur Eingabe und Ausgabe von Daten, zur Darstellung von Informationen und zur Speicherung und Verarbeitung persönlicher Daten der Anwender.

Diese fünf Produktionsmittel kann man mit "Fabriken" vergleichen, die IT-Dienstleistungen in enger Zusammenarbeit herstellen. Jede "Fabrik" leistet einen spezifischen Beitrag und nur, wenn diese Beiträge präzise aufeinander abgestimmt sind, wird das Ergebnis zufriedenstellend sein. Dabei kommt den Anwendungsprogrammen, weil sie die geforderte Funktionalität der IT-Dienstleistung produzieren, besondere Bedeutung zu. Anwendungsprogramme steuern implizit die anderen vier Produktionsmittel und bestimmen, zusammen mit den zu bewältigenden Mengen an IT-Dienstleistungen, wesentlich den Bedarf an Ressourcen. Sie sind somit ein zentraler Kostentreiber.

Die Optimierung der fünf Produktionsmittel ist, wegen der großen Abhängigkeiten voneinander, eine schwierige Aufgabe. Rückwirkungen von Änderungen eines Produktionsmittels auf die anderen zu begrenzen und so die Optimierungspotentiale zu erhöhen, ist eine zentrale Planungsaufgabe des Informationsmanagements. Die Methode ist, gemeinsame Strategien, technische Standards und Spielregeln für alle fünf Produktionsmittel festzulegen und fortzuschreiben. Bei der sich rasch entwickelnden Technologie ist dies eine herausfordernde Aufgabe, die sich jedoch lohnt: Gemeinsam erarbeitete und präzise formulierte sowie systematisch inhaltlich und zeitlich weiterentwickelte Standards sind eine wirksame Voraussetzung für niedrige Kosten und gute Qualität.

Für die Leistungsfähigkeit eines IT-Bereichs ist es wichtig, Änderungen des Produktionsmittels "Anwendungsprogramme" zwecks Anpassung der IT-Dienstleistungen an neue funktionale Anforderungen der Geschäftsprozesse effizient durchführen zu können. Dabei spielen die Projekte zur Entwicklung oder Anpassung von Anwendungsprogrammen eine große Rolle. Wie bereits gesagt, liegt hier häufig auch der Schwerpunkt der Aufmerksamkeit des Informationsmanagements. Forderungen der Geschäftsprozesse nach der Qualität und den herzustellenden Mengen müssen aber ebenso umgesetzt werden. Diese Forderungen treffen primär die anderen Produktionsmittel.

Nur wenn das Zusammenspiel aller fünf Produktionsmittel sichergestellt ist, werden diese Forderungen reibungslos umgesetzt werden können. Nur dann werden Ereignisse, wie die Einführung einer neuen Version der Software zur Auftragsbearbeitung zum gleichen Zeitpunkt wie eine wichtige Vertriebskampagne, der Vergangenheit angehören.

1.4 Integriertes Informationsmanagement

Die oben dargestellten Zusammenhänge zeigen, daß eine stärkere Integration des Managements aller Produktionsmittel für IT-Dienstleistungen notwendig ist, um die Forderungen der Geschäftsprozesse nach Funktionalität, Qualität, Mengen und Kosten nachhaltig optimiert erfüllen zu können. Nun sind diese Forderungen nicht ungewöhnlich. Jeder Lieferant von Dienstleistungen oder anderen Produkten kann im Wettbewerb nur bestehen, wenn er diese Forderungen seiner Kunden nachhaltig und dauerhaft erfüllt. Was liegt näher, als sich dort umzuschauen und nach Anregungen für das Informationsmanagement zu suchen. Folgende Aspekte scheinen dabei besonders wichtig für ein erfolgreiches Management von Dienstleistungen zu sein:

- *Ausgangspunkt aller Aktivitäten ist der Abgleich von Funktionalität, Qualität, Mengen und Kosten* der Anforderungen der Kunden mit aktuellen und zukünftigen Lösungsangeboten. Diese Aufgabe wird von einem Portfolio- oder Produktmanagement wahrgenommen. Kundenzufriedenheit und das finanzielle Ergebnis der Produkte sind Erfolgsparameter. Die Lösungen sind klar abgegrenzte Produkte.

- *Die Gestaltung der Produkte erfolgt unter Berücksichtigung der Möglichkeiten der Produktion.*

- *Die Produktion richtet sich strategisch nach den Anforderungen des Produktmanagements* aus und unterstützt aktiv die Gestaltung von Produkten.

- *Die Produktentwicklung und die Produktion haben eigenständige Strategien und Ziele,* die jedoch beide eng abgestimmt und an den Kundenforderungen ausgerichtet sind.

- *Ein hoher Grad an Standardisierung und Modularisierung entkoppeln Entwicklung und Produktion.* Dadurch wird Flexibilität und Effizienz gemeinsam möglich.

- *Die Herstellkosten der Produkte sind bekannt.* Es gibt eine Vor- und Nachkalkulation sowie eine Produktergebnisrechnung. Die Auslastung der Produktionsmittel ist bekannt und wird optimiert.

- *Die Produktionsprozesse sind dokumentiert und werden über ein Qualitäts- und Kostenmanagement des Produktionsmanagements kontinuierlich weiterentwickelt.* Gleiches gilt für die Prozesse zur Entwicklung neuer Produkte und zur Weiterentwicklung der Produktionsanlagen.

- *Die Beschaffung von Produktionsressourcen ist als strategischer Erfolgsfaktor positioniert.*

Die Liste zeigt nur einige wesentliche Punkte. Auffällig ist, daß solche Aufgaben vom Informationsmanagement anders oder gar nicht wahrgenommen werden. So gibt es statt einer Kostenrechnung eine Verrechnung von Kosten der Ressourcen oder statt eines klaren Verzeichnisses von IT-Dienstleistungen mit zugesagter Funktionalität, Qualität und Herstellkosten eher pauschale "Service Level Agreements", die oft genug die Qualität der Produktionsressource (z.B. Verfügbarkeit von Servern oder Netzen usw.) und nicht die Qualität aus Sicht des Anwenders beschreiben (z.B. Dauer einer Geschäftstransaktion, Laufzeiten von E-Mail, Reparaturzeiten bei Fehlern usw.).

In diesem Buch wollen wir ein Informationsmanagement beschreiben, das das Management der Leistungszusagen an den Anwender in den Mittelpunkt stellt. Diese Leistungszusagen zu ermitteln, zu dokumentieren und einzuhalten, verbunden mit einer kontinuierlichen Verbesserung der Effizienz und Qualität der hergestellten Leistungen, ist das Ziel des integrierten Informationsmanagements.

Deshalb richtet sich dieses Buch vor allem an die Unternehmensleitungen und an alle, die nach neuen Wegen zur Verbesserung ihrer IT-Dienstleistungen suchen. Wir beschreiben dabei Lösungsansätze und geben Hilfestellung bei der Analyse und Beurteilung der eigenen Situation. Wir versuchen nicht, konkrete Vorgehensweisen vorzustellen, Checklisten zu liefern und Ratschläge zu erteilen.

Die in diesem Buch gemachten Aussagen sind grundsätzlich nicht als Vorschläge zur Organisation der IT-Bereiche zu interpretieren. Wir betrachten die Herstellung von IT-Dienstleistungen immer als ganzheitlichen Prozeß, der je nach Organisationsmodell auf Unternehmen und Leistungszentren angepaßt werden muss. Insofern wendet sich dieses Buch an alle Institutionen, die IT-Dienstleistungen herstellen oder in ihren Prozessen planen und nutzen.

1.5 Aufbau des Buches

Das Buch ist neben der Einleitung in drei Kapitel unterteilt. In *Kapitel 2* stellen wir sechs zentrale Entwicklungen und Herausforderungen vor, mit denen sich IT-Bereiche auseinandersetzen müssen. Anhand dieser Entwicklungen und Herausforderungen wird deutlich, daß die heutigen Konzepte und Methoden des Informationsmanagements weiter entwickelt werden müssen, um die Effektivität und Effizienz der IT-Bereiche langfristig zu sichern.

Kapitel 3 stellt unser Modell eines integrierten Informationsmanagements vor. Das Modell unterteilt das Informationsmanagement im Sinne eines Rahmenwerkes in vier zentrale Bausteine "Govern", "Source", "Make" und "Deliver". Jeder Baustein wird anhand seiner Aufgaben im Detail beschrieben.

Daß ein integriertes Informationsmanagement nicht nur Theorie ist, zeigt das *Kapitel 4* mit Hilfe fünf ausgewählter Beispiele. Jedes Beispiel beschreibt ein Projekt, das im Rahmen des Kompetenzzentrums "Integriertes Informationsmanagement" gemeinsam mit einem Forschungspartner aus der Praxis umgesetzt wurde. Im Mittelpunkt der Projekte stand dabei stets die praktische Umsetzung eines Bausteines oder eines grundlegenden Konzeptes des integrierten Informationsmanagements.

Wir haben uns bemüht, die Darstellung der Inhalte in diesem Buch an den Anforderungen und Bedürfnissen der Führungskräfte aus IT- und Geschäftsbereichen auszurichten. Auf eine Beschreibung der dem integrierten Informationsmanagement zugrundeliegenden wissenschaftlichen Theorien und Modelle, die z.B. aus den Bereichen der Produktionswirtschaft, des Dienstleistungsmanagements und der Absatzwirtschaft stammen, wurde bewußt verzichtet. Wir möchten dem Leser statt dessen möglichst konkrete Lösungsansätze und Hilfestellungen bieten.

Um die Lesbarkeit zu erhöhen, haben wir zentrale Definitionen, Leitsätze und Empfehlungen im Text besonders hervorgehoben.

Wichtige Lösungsansätze werden zudem durch kurze Praxisbeispiele erläutert.

2 Entwicklungen und Herausforderungen im Informationsmanagement

2.1 Vom IT-Bereich zum IT-Dienstleister

2.1.1 Einordnung

IT-Bereiche erbringen heute vielfach Dienstleistungen für das eigene Unternehmen, indem sie die Geschäftsprozesse und Geschäftsprodukte mit IT-Dienstleistungen unterstützen. Der IT-Bereich entwickelt sich somit zu einem internen Dienstleister weiter. Im Zuge dieser Entwicklung ändert sich die traditionelle Aufgaben- und Rollenverteilung zwischen IT-Bereich und Geschäftsbereich. Ein IT-Dienstleister muß mehr als die reine Abwicklung von IT-Projekten und den Betrieb von IT-Infrastrukturen leisten. Im folgenden Kapitel betrachten wir die Auswirkungen dieser Entwicklung. Der Fokus liegt dabei insbesondere auf der Beschreibung der Schnittstelle zwischen einem IT-Dienstleister und seinen Kunden sowie der zentrale Rolle, die dem Portfolio-Management bei der Ausgestaltung dieser Schnittstelle zukommt.

2.1.2 IT-Dienstleister

Viele Unternehmen entwickeln derzeit ihre internen IT-Bereiche zu IT-Dienstleistern weiter. Damit einher gehen häufig organisatorische Veränderungen, wie beispielsweise die Gründung einer eigenständigen IT-Tochterfirma oder Servicegesellschaft. Diese wird meist gleich noch mit der strategischen Zielsetzung versehen, sich als Anbieter erfolgreich auf dem externen Markt, d.h. außerhalb des eigenen Unternehmens, zu etablieren. Eine Untersuchung der Zeitschrift CIO aus dem Jahr 2003 ergab, daß rund die Hälfte aller deutschen DAX-30-Unternehmen ihre IT-Bereiche ausgegründet und auf den externen Markt geschickt haben [Ellermann 2003]. Nur 6 IT-Tochterfirmen gelang es jedoch seitdem, mehr als 30% ihres Umsatzes auf dem externen Markt zu erzielen. Somit erscheint der Erfolg dieser Strategie zumindest fragwürdig. Es verwundert nicht, daß bereits eine Gegenbewegung erkennbar ist, innerhalb derer IT-Tochterfirmen wieder stärker in das Unternehmen eingegliedert oder im Sinne einer Konzentration auf Kernkompetenzen ganz verkauft werden.

Unabhängig von individuellen Unternehmensstrategien und Gestaltungsalternativen lassen sich im Zusammenspiel von IT-Dienstleistern und Kunden die in Abb. 3 dargestellten grundlegenden Strukturen und Beziehungsmuster erkennen.

Die Geschäftsbereiche nehmen die Rolle des Kunden ein und kaufen IT-Dienstleistungen in Form von IT-Produkten ein.

Die IT-Dienstleistungen werden von den Anwendern in den Geschäftsbereichen bei der Ausführung von Geschäftsprozessen verwendet und erzeugen dort einen Nutzen. Als Lieferanten für IT-Dienstleistungen stehen den Geschäftsbereichen sowohl interne als auch externe IT-Dienstleister zur Verfügung.

Zwischen Kunden und Lieferanten existiert ein Markt, dessen Hauptaufgabe der möglichst reibungslose Abgleich von Angebot und Nachfrage ist. Je nachdem, ob der Kunde mit internen oder externen Lieferanten zusammenarbeitet, handelt es sich um einen unternehmensinternen oder externen Markt.

Beide Marktformen können unterschiedlichen Marktmechanismen und Regularien unterliegen. Innerhalb eines unternehmensinternen Marktes ist die Gestaltung der Rahmenbedingungen eine Teilaufgabe der IT-Governance. Zu definieren sind beispielsweise die formalen Beziehungen zwischen Kunden und internen Lieferanten, Aufgaben und Verantwortlichkeiten, rechtliche und wettbewerbsbezogene Fragestellungen sowie die Art und Weise der Leistungsverrechnung. Im Falle eines externen Marktes finden die für alle geschäftlichen Handlungen gültigen gesetzlichen und rechtlichen Rahmenbedingungen Anwendung.

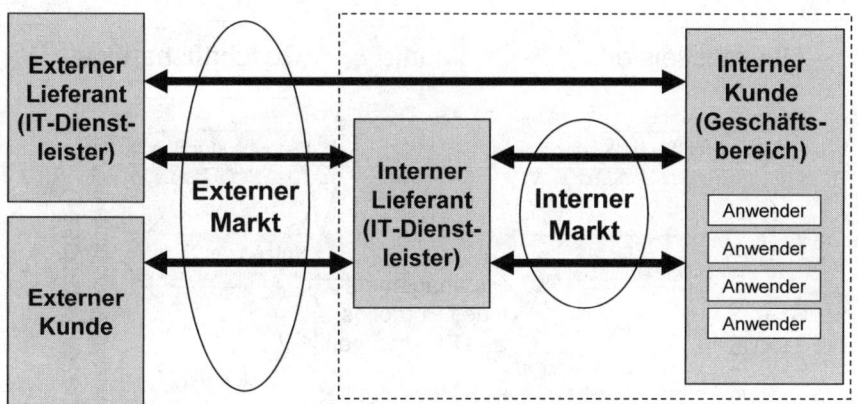

Abb. 3. Strukturen und Beziehungen im Rahmen eines dienstleistungsorientierten Informationsmanagements

Für einen internen Lieferanten ergeben sich ebenfalls unterschiedliche Beziehungen. Neben internen Kunden kann der Lieferant seine Dienstleistungen auch externen Kunden anbieten. Er muß des Weiteren nicht zwangsläufig alle Dienstleistungen selber erbringen, sondern kann sich, z.B. im Rahmen einer Outsourcing-Vereinbarung, Unterlieferanten bedienen.

Von besonderer Bedeutung ist die Gestaltung der Schnittstelle zwischen dem IT-Dienstleister und seinen Kunden, den Geschäftsbereichen. Das Verhältnis und die Form der Zusammenarbeit zwischen beiden Parteien ändern sich. Aus den ehemaligen Projektpartnern werden Kunden und Lieferanten. Die Zusammenarbeit ist geprägt von marktorientierten Einkaufs- und Verkaufsmechanismen und ist nicht zwangsläufig auf das eigene Unternehmen beschränkt. Der IT-Dienstleister gestaltet und produziert IT-Dienstleistungen auf möglichst effiziente Weise, um seine Wettbewerbsfähigkeit zu erhalten (siehe Abb. 4). Die IT-Dienstleistungen werden von den Geschäftsbereichen für die IT-Unterstützung ihrer Geschäftsprozesse verwendet. Der Nutzen der IT-Dienstleistungen ergibt sich aus einer gesteigerten Qualität und Effizienz der Geschäftsprozesse.

Das Portfolio an IT-Dienstleistungen muß von beiden Seiten aktiv gestaltet und gesteuert werden. Das Portfolio-Management stellt somit das zentrale Bindeglied zwischen IT-Dienstleister und Geschäftsbereichen dar.

Die Geschäftsbereiche spezifizieren die Anforderungen an die benötigten IT-Dienstleistungen hinsichtlich Mengen, Funktionen und Qualitäten. Sie bezahlen für die genutzten Dienstleistungen. Auf der Grundlage der erhaltenen Mittel muß der IT-Dienstleister seine Prioritäten definieren.

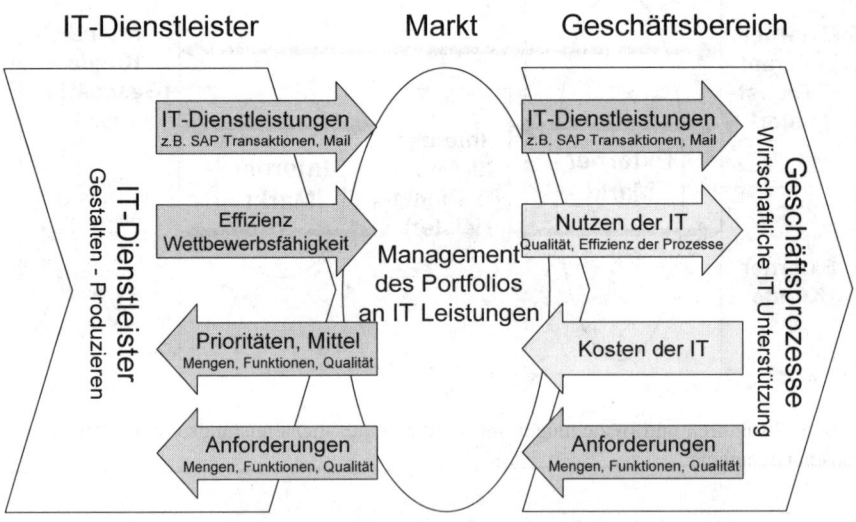

Abb. 4. Schnittstelle zwischen IT-Dienstleister und Geschäftsbereich

Eine prozeßorientierte Betrachtung der Beziehung zwischen IT-Dienstleister und Geschäftsbereich zeigt (die) Abb. 5. Beide Seiten definieren ein Portfolio von IT-Dienstleistungen. Der IT-Dienstleister, im folgenden als Leistungserbringer bezeichnet, faßt in seinem Angebots-Portfolio die durch ihn angebotenen IT-Dienst-leistungen in Form von Produkten zusammen. Auf Seiten der Geschäftsbereiche, der Leistungsabnehmer, ergibt sich aus dem Bedarf an IT-Dienstleistungen ein Nachfrage-Portfolio. Bietet der Leistungserbringer die vom Leistungsabnehmer nachgefragten Dienstleistungen an, so verhandeln beide über die Kaufkonditionen. Die Verhandlung konzentriert sich vor allem auf die Spezifikation der genauen Dienstleistungseigenschaften (Funktionalität), Abnahmemengen, Lieferzeiten, Qualitäten und Konsequenzen bei Nichteinhaltung vereinbarter Konditionen. Das Verhandlungsergebnis wird z.B. in einem Service-Level-Agreement (SLA) fest-gehalten. Wichtig ist in diesem Zusammenhang die Vereinbarung kundenorien-tierter Service-Levels, z.B. bezogen auf den Geschäftsprozeß, den Preis oder die Kundenzufriedenheit, anstelle technischer Service-Levels, wie z.B. Verfügbar-keitsgrade oder Antwortzeiten. Im Falle einer Einigung kauft der Leistungsab-nehmer die IT-Dienstleistungen ein und der Leistungserbringer stellt diese zur Nutzung bereit. Der Leistungsabnehmer überwacht kontinuierlich, ob der verein-barte Leistungsgrad vom Leistungserbringer eingehalten wird.

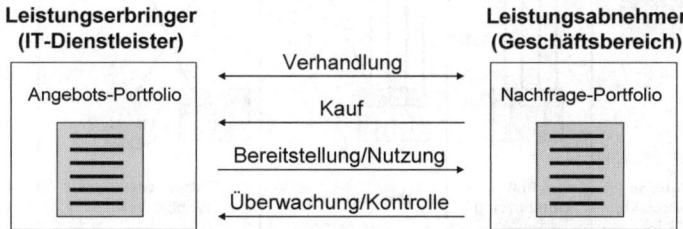

Abb. 5. Einkaufs- und Verkaufsbeziehung zwischen IT-Dienstleister und Geschäftsbereich

Die konkrete Ausgestaltung des internen Marktes zwischen IT-Leistungserbringer und Leistungsabnehmer ist Gegenstand intensiver Diskussionen in vielen Unter-nehmen. Ist es beispielsweise internen Kunden erlaubt, IT-Dienstleistungen bei externen Lieferanten einzukaufen oder müssen sie ihren Bedarf auf Grund eines Kontrahierungszwanges vollständig beim internen Lieferanten decken? Dürfen Angebote von externen Lieferanten im Sinne eines Benchmarking eingeholt wer-den und falls ja, wie wirken sich diese auf Verhandlungen mit dem internen Liefe-ranten aus? Hat der interne Lieferant das Recht des letzten Angebots (engl. Last Call Option)? Dürfen interne Lieferanten ihre Dienstleistungen auf dem freien Markt anbieten? Wie werden potentielle Ressourcenkonflikte zwischen internen und externen Kunden eines Lieferanten gelöst? Und welche Marktregeln liegen dem internen Markt innerhalb eines Unternehmens zugrunde? Dies sind nur einige der im Rahmen der IT-Governance zu beantwortenden Fragen.

Nicht immer erfolgt die Weiterentwicklung eines traditionellen IT-Bereichs zu einem marktorientierten IT-Dienstleister in einem Schritt. Vielmehr verfolgen

Unternehmen evolutionäre Strategien, im Rahmen derer Schritt für Schritt einzelne neue Teilnehmer und Beziehungen zugelassen werden. Bsp. 1 beschreibt eine typische derartige Strategie am Beispiel eines schweizerischen Großunternehmens.

Bsp. 1. Von der internen Informatik zum IT-Dienstleister am Markt

Am Beispiel eines großen schweizerischen Unternehmens wird die Entwicklung der internen Informatik zu einem am Markt agierenden IT-Dienstleister beschrieben. Die Entwicklung verlief stufenweise über den Zeitraum 1989 bis 2002. Abb. 6 zeigt die vier historischen Entwicklungsstufen.

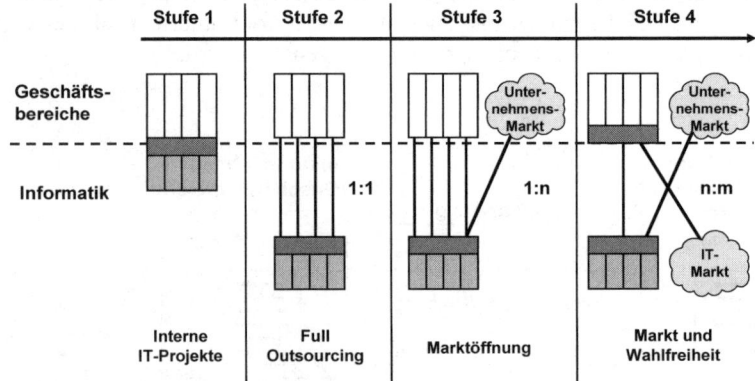

Abb. 6. Evolutionäre Entwicklungsstufen

Ausgangspunkt bildete die interne Informatik, die IT-Projekte für die Geschäftsbereiche des Unternehmens abwickelte (Stufe 1). In einem ersten Entwicklungsschritt entschloß man sich aus strategischen, finanziellen und technologischen Gründen zu einem Full Outsourcing der internen Informatik zu einem IT-Dienstleister (Stufe 2). Dabei wurde an einer 1:1 Beziehung zwischen Kunden (Geschäftsbereichen) und Lieferant (IT-Dienstleister) festgehalten. Ein Einkauf beziehungsweise Verkauf von IT-Dienstleistungen auf dem freien Markt war nicht möglich. In der nächsten Entwicklungsstufe wurde diese Einschränkung für den IT-Dienstleister aufgehoben. Im Rahmen der Marktöffnung wurde diesem das Angebot von IT-Leistungen auf dem externen Markt ermöglicht (Stufe 3). Mit der letzten Entwicklungsstufe entfiel schließlich auch die Beschränkung auf Seite der Kunden, d.h. die Geschäftsbereiche erhielten die Möglichkeit, IT-Leistungen von externen IT-Dienstleistern einzukaufen (Stufe 4).

Ein wichtiger Aspekt im Zusammenhang mit der Aufgaben- und Rollenverteilung zwischen Leistungserbringer und Leistungsabnehmer betrifft die Verteilung von IT- und Geschäfts-Know-how.

Die Verteilung von IT- und Geschäfts-Know-how zwischen Leistungser-bringer und Leistungsabnehmer muß aktiv gestaltet werden, sinnvoller-weise in Abhängigkeit von den betrachteten Geschäftsprozessen.

Abb. 7 zeigt drei denkbare Ausprägungen. Variante A ist durch eine nahezu voll-ständige Know-how-Trennung gekennzeichnet.

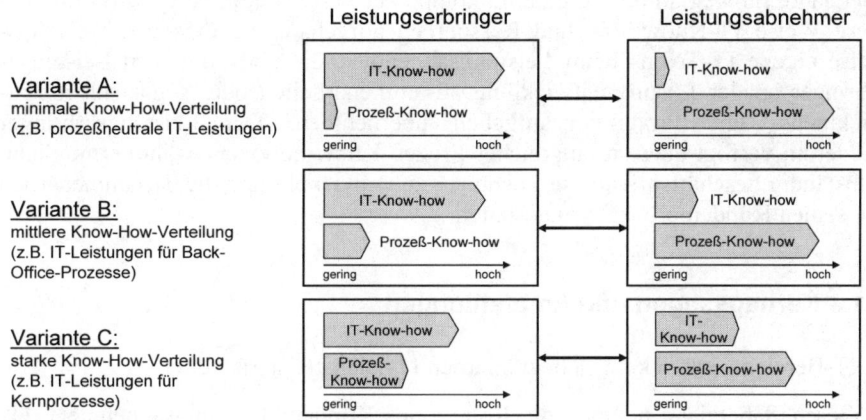

Abb. 7. Verteilung von IT- und Prozess-Know-how

IT-Know-how liegt ausschließlich auf Seite des Leistungserbringers und Prozeß-Know-how auf der Seite des Leistungsabnehmers vor. Sinnvoll kann diese Vari-ante z.B. bei geschäftsprozeßneutralen IT-Dienstleistungen wie E-Mail, Textver-arbeitung oder Dokumentenmanagement sein. Sämtliche Aufgaben der Planung, Entwicklung und Produktion der IT-Dienstleistung werden vom Leistungserbrin-ger übernommen. Der Leistungsabnehmer ist lediglich für die Spezifikation der Anforderungen auf einer rein geschäftlichen Ebene verantwortlich. Der Aufbau von IT-Know-how beim Leistungsabnehmer sollte vermieden werden, da unnötig Ressourcen gebunden werden. So ist es nicht sinnvoll, daß ein Leistungsabnehmer IT-Know-how über prozeßneutrale IT-Dienstleistungen, z.B. über verfügbare Softwarelösungen für E-Mail-Services oder Hardware-Konfigurationen von Ar-beitsplatzsystemen, aufbaut.

Variante B kommt für IT-Dienstleistungen in Betracht, für die ein gewisser Grad an IT-Know-how beim Leistungsabnehmer und an Prozeß-Know-how beim Leistungserbringer sinnvoll ist. Dies wären beispielsweise IT-Dienstleistungen für Back-Office-Prozesse wie Finanzbuchhaltung oder Gehaltsabrechnungen. Der

Leistungsabnehmer besitzt eine Gruppe von IT-Spezialisten, die sich vor allem mit der Definition von Anforderungen und der Projektabwicklung mit dem Leistungserbringer beschäftigen. Eigene Ressourcen zur Entwicklung und zur Produktion von IT-Dienstleistungen sind dahingegen, wenn überhaupt, nur in geringem Umfang vorhanden. Der Leistungsabnehmer besitzt Prozeß-Spezialisten, die sich auf die Spezifikation geschäftlicher Anforderungen konzentrieren und die Schnittstelle zum Leistungsabnehmer bilden.

Variante C ist immer dann sinnvoll, wenn die IT-Unterstützung eines Geschäftsprozesses eine starke Know-how-Verteilung erfordert. Bei IT-Dienstleistungen in Kernprozessen, wie z.B. CRM- oder ERP-Prozessen, haben Leistungsabnehmer über Jahre hinweg an der Gestaltung komplexer IT-Lösungen mitgewirkt und auf diese Weise IT-Know-how und Ressourcen aufgebaut. So existieren beispielsweise eigene IT-Teams beim Leistungsabnehmer, die aktiv mit dem Leistungserbringer an der Lösungsentwicklung zusammenarbeiten oder sogar selber Entwicklungs- und Produktionsaufgaben übernehmen. Der Leistungserbringer wiederum verfügt über umfangreiches Prozeß-Know-how, das es ihm ermöglicht, selbständig geschäftsorientierte Lösungen zu entwickeln und die Zusammenarbeit mit seinen Kunden proaktiv zu gestalten.

2.1.3 Kernaussagen und Empfehlungen

- IT-Bereiche entwickeln sich zu internen IT-Dienstleistern weiter.

- Geschäftsbereiche nehmen die Rolle eines Kunden (Leistungsabnehmer), IT-Dienstleister die Rolle eines Lieferanten (Leistungserbringer) ein. Zwischen Kunden und Lieferanten existiert ein interner oder externer Markt.

- Die Regeln eines internen Marktes sind im Rahmen der IT-Governance zu gestalten.

- Das Portfolio-Management stellt das Bindeglied zwischen Geschäftsbereichen und IT-Dienstleistern dar.

- Ein IT-Dienstleister muß sein Angebots-Portfolio mit den von ihm angebotenen IT-Dienstleistungen aktiv gestalten und steuern.

- Geschäftsbereiche müssen über ein Nachfrage-Portfolio, innerhalb dessen der Bedarf an IT-Dienstleistungen abgebildet ist, verfügen.

- Die Verteilung von Geschäfts- und IT-Know-How zwischen Leistungserbringern und Leistungsabnehmern ist in Abhängigkeit von den betrachteten Geschäftsprozessen aktiv zu gestalten.

2.2 Von der Projekt- zur Produktsicht

2.2.1 Einordnung

Ein IT-Dienstleister verkauft IT-Dienstleistungen in Form von IT-Produkten an seine Kunden. In diesem Kapitel wollen wir uns damit beschäftigen, was überhaupt die Produkte eines IT-Dienstleisters sind, worin der Unterschied zwischen einer IT-Leistung und einem IT-Produkt besteht und welche Auswirkungen eine produktorientierte Zusammenarbeit von Leistungserbringern und Leistungsabnehmern für einen Leistungserbringer hat.

2.2.2 IT-Leistungen und IT-Produkte

In Wissenschaft und Praxis wird derzeit intensiv darüber diskutiert, ob IT-Dienstleistungen für ein Unternehmen von strategischer Bedeutung sind, oder ob sie eher Gebrauchsgüter (engl. Commodities) darstellen, die ähnlich wie Strom, Wasser oder Telekommunikationsdienstleistungen standardisiert eingekauft werden können [Carr 2003]. Obwohl diese Diskussion aus unserer Sicht insgesamt wenig zielführend ist, weist sie doch auf eine interessante Entwicklung hin. Die Abnehmer von IT-Dienstleistungen in den Geschäftsbereichen sind getrieben von dem Wunsch, die aus ihrer Sicht hohe Komplexität und Intransparenz der IT-Leistungserstellung zu verringern. Anstatt mit dem IT-Dienstleister komplexe Projekte abzuwickeln oder Anwendungssysteme zu konzipieren, von deren Funktionsweise sie häufig nur ein eingeschränktes Verständnis besitzen, wünschen sie sich, IT-Dienstleistungen in Form vordefinierter Produkte einkaufen zu können. Häufig wurden wir in unseren Gesprächen mit Vertretern aus den Geschäftsbereichen mit der Forderung konfrontiert, aus einem Produktkatalog des IT-Dienstleisters die benötigten IT-Produkte auswählen zu können. Selbstverständlich möchte man diese möglichst auch zu einem Stückpreis einkaufen, um den hohen Fixkostenanteil im Bereich der IT zu reduzieren und variabel auf Bedarfsänderungen reagieren zu können.

IT-Produkte bilden die Grundlage der Zusammenarbeit zwischen IT-Dienstleistern und Geschäftsbereichen.

Ein Produkt ist per Definition eine Leistung, die Bedürfnisse befriedigt und einen Nutzen für den Kunden erzielt [Kotler 2002]. Es wird beschrieben durch die Dimensionen "Art" (Funktionsumfang), "Qualität", "Preis" und "Menge". Das Produkt muß aus Sicht der Kunden definiert und für diese verständlich beschrieben werden. Der Nutzen eines IT-Produkts entfaltet sich in den Geschäftsprozessen oder Geschäftsprodukten der Leistungsabnehmer. Meist kann der Nutzen dabei nicht durch eine einzelne IT-Leistung, sondern nur durch die Bündelung mehrerer IT-Leistungen erzielt werden.

Ein IT-Produkt (engl. IT service) stellt ein Bündel von IT-Leistungen dar, mit Hilfe derer ein Geschäftsprozeß oder ein Geschäftsprodukt des Leistungsabnehmers unterstützt und dort ein Nutzen erzielt wird (siehe Abb. 8).

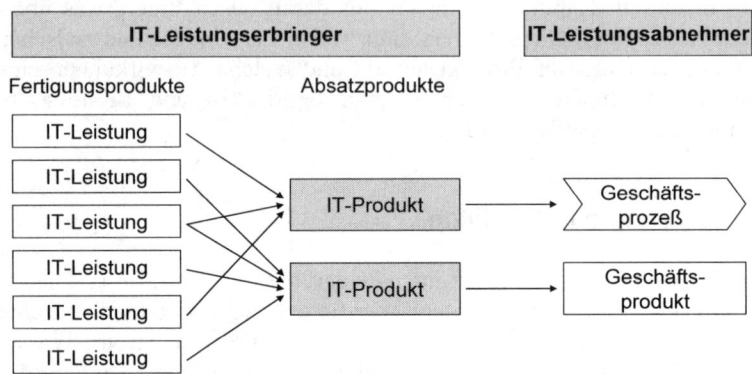

Abb. 8. IT-Leistungen und IT-Produkte

Entscheidend für das Produktverständnis ist die Nutzenstiftung beim Leistungsabnehmer. Nur wenn IT-Leistungen in den Geschäftsprozessen oder Geschäftsprodukten des Leistungsabnehmers einen Nutzen erzeugen, handelt es sich um ein IT-Produkt. In einer Analogie zur industriellen Fertigung stellen IT-Leistungen somit die Fertigungsprodukte und IT-Produkte die Absatzprodukte des Leistungserbringers dar.

Abb. 9 verdeutlicht dieses Produktverständnis am Beispiel eines Beförderungsunternehmens, dessen Geschäftsprozeß "Fahrschein erstellen" durch verschiedene IT-Leistungen unterstützt wird. Das IT-Produkt "Fahrschein erstellen" umfaßt alle innerhalb des Geschäftsprozesses eingesetzten IT-Leistungen. Hierzu zählen beispielsweise:

- *IT-Leistungen im Prozeßschritt "Fahrscheindaten erfassen":* Bereitstellung der Arbeitsplatzsysteme für Verkaufsmitarbeiter; Entwicklung und Betrieb eines Anwendungssystems zur Datenerfassung; Entwicklung und Betrieb eines Anwendungssystems zur Fahrplanauskunft; Entwicklung und Betrieb einer zentrale Fahrplandatenbank; Bereitstellung von Rechner- und Speicherressourcen; Bereitstellung einer IT-Lösung für Selbstbedienungsterminals; Netzwerkanbindung der dezentralen Arbeitsplatzsysteme und Selbstbedienungsterminals; Supportleistungen (Help-Desk) für Mitarbeiter.

- *IT-Leistungen im Prozeßschritt "Fahrscheinpreis berechnen":* Entwicklung und Betrieb eines zentralen Anwendungssystems zur Fahrpreisberechnung; Bereit-

stellung einer Rechenzentrumsinfrastruktur für Anwendungssysteme; Netzwerkanbindung dezentraler Systeme.

- *IT-Leistungen im Prozeßschritt "Fahrschein ausgeben":* Bereitstellung von
  Druckern; Support und Wartung der Fahrscheinausgabedrucker; Entwicklung
  und Betrieb eines Anwendungssystems zur Übertragung eines elektronischen
  Tickets, z.B. auf Mobilfunkgeräte.

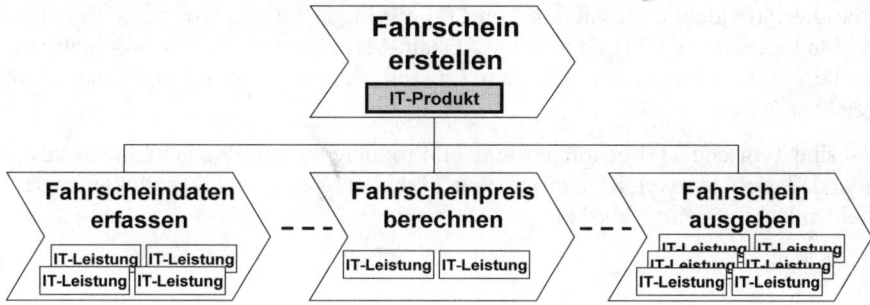

Abb. 9. Beispielhaftes IT-Produkt

Jede einzelne IT-Leistung erzeugt für sich betrachtet für den Leistungsabnehmer
keinen Nutzen. Nur in der Kombination entsteht der Nutzen im Geschäftsprozeß
und somit ein IT-Produkt.

Der Anteil an IT-Leistungen innerhalb eines Geschäftsprozesses kann unterschiedlich hoch sein (siehe Abb. 10). Im Extremfall besteht ein Prozeß sogar
ausschließlich aus IT-Leistungen. Beispiele für derartige Geschäftsprozesse wären
„Electronic-Procurement"- oder „Online-Banking"-Prozesse.

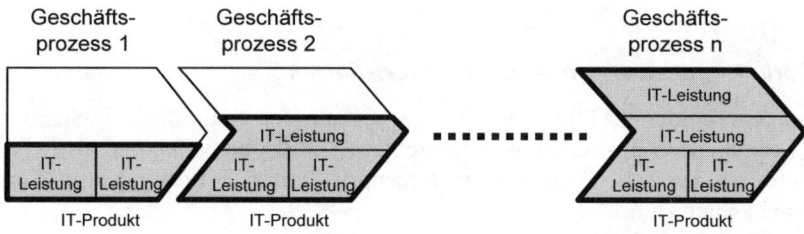

Abb. 10. IT-Produkte als Bündel von Prozeßunterstützungsleistungen

IT-Leistungen können standardisiert im Sinne einer kundenanonymen Massenfertigung oder individuell im Sinne einer kundenspezifischen Einzelfertigung erstellt werden.

Standardisierte Leistungen kommen vor allem in geschäftsneutralen Prozessen oder Back-Office-Prozessen zum Einsatz. Hierzu zählen beispielsweise Fakturierungsprozesse, Buchhaltungsprozesse, Einkaufsprozesse oder Personalprozesse. Individuelle IT-Leistungen findet man hingegen vor allem in Kernprozessen mit strategischer oder wettbewerbsrelevanter Bedeutung. So können beispielsweise durch die individuelle Gestaltung von IT-Leistungen für das Customer Relationship Management (CRM) oder Supply-Chain-Management (SCM) Wettbewerbsvorteile erzielt werden, die mit dem Einkauf standardisierter Leistungen nicht erreichbar wären.

Was sind typische IT-Leistungen und IT-Produkte in der Praxis? Eine Analyse zeigt, daß sich je zwei Kategorien von IT-Leistungen und IT-Produkten unterscheiden lassen (siehe Abb. 11).

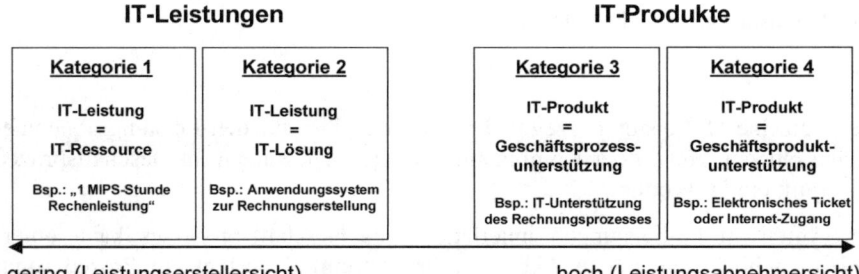

Abb. 11. Kategorien von IT-Leistungen und IT-Produkten

Kategorie 1 - „Ressourcenorientierte IT-Leistungen"

Ressourcenorientierte IT-Leistungen entsprechen der traditionellen Sichtweise eines Leistungserbringers. Die bereitgestellten IT-Ressourcen werden als Leistungen definiert. Typische Beispiele ressourcenorientierter IT-Leistungen und deren Größeneinheiten sind:

- Bereitstellung von CPU-Zeit (1 MIPS-Stunde)

- Bereitstellung von Plattenplatz (1 GB-Monat)

- Bereitstellung von Ressourcen zum EDV-Druck (1000 Zeilen)

- Bereitstellung von Ressourcen zur Softwareentwicklung (1 Personentag)

- Bereitstellung eines PC (Monat)

- Abwicklung von technischen Transaktionen oder Jobs (1000 Stück)

Obwohl der Einsatz derartiger IT-Leistungen grundsätzlich eine verursachergerechte Zuordnung der Inanspruchnahme von IT-Ressourcen ermöglicht, handelt es sich aus der Sicht des Leistungsabnehmers lediglich um Vorleistungen, die erst durch ihre Kombination einen geschäftsorientierte Nutzen erzeugen.

Ressourcenorientierten IT-Leistungen fehlt die geschäftliche Orientierung.

Würden ressourcenorientierte IT-Leistungen die Basis der Zusammenarbeit zwischen Leistungserbringer und Leistungsabnehmer darstellen, so wäre der Leistungsabnehmer gezwungen, sich mit für ihn kaum verständlichen, technischorientierten Leistungsgrößen auseinanderzusetzen. Er müßte seinen Bedarf an IT-Leistungen durch das Zusammenfügen einer Vielzahl von Einzelleistungen decken, was die Komplexität steigert und die Transparenz verringert. Auch die benötigten Leistungsmengen sind für den Leistungsabnehmer schwer einschätzbar. So kann er beispielsweise kaum beurteilen, ob die zur IT-Unterstützung eines Geschäftsprozesses verbrauchten IT-Leistungen, z.B. 80 GB-Monate Speicherplatz und 150 MIPS-Stunden Rechenleistung, und die dafür berechneten Kosten ein effizientes, wettbewerbsfähiges Maß darstellen.

Kategorie 2 - „lösungsorientierte IT-Leistungen"

Einen ersten Schritt in Richtung einer stärkeren Geschäftsorientierung stellen lösungsorientierte IT-Leistungen dar, bei denen die Bereitstellung von IT-Lösungen als die Leistung eines Leistungserbringers definiert wird. Den Kern derartiger Leistungen bilden Anwendungssysteme, weshalb man die lösungsorientierte Sichtweise vor allem innerhalb der Softwareentwicklung vorfindet. Beispielhafte IT-Leistungen dieser Kategorie sind:

- Bereitstellung einer IT-Lösung für die Fakturierung

- Bereitstellung einer CAD-Lösung für die Konstruktion

- Bereitstellung einer IT-Lösung für die Textverarbeitung

- Bereitstellung einer Standardsoftwarelösung für das Controlling

Aus Sicht eines Leistungsabnehmers bilden lösungsorientierte IT-Leistungen einen ersten Schritt in Richtung einer geschäftsorientierten Zusammenarbeit mit dem Leistungserbringer. Mehrere IT-Leistungen, wie z.B. die Entwicklung, der Betrieb und der Support einer IT-Lösung, werden durch den Leistungserbringer gebündelt und gesamthaft mit dem Leistungsabnehmer verhandelt.

Trotz dieser Vorteile gilt:

Auch lösungsorientierte Leistungen stellen keine Produkte dar, da sie in den Geschäftsprozessen des Leistungsabnehmers keinen Nutzen entfalten.

In Analogie zur industriellen Fertigung stellen IT-Lösungen Produktionsanlagen dar, auf denen die eigentlichen Produkte für den Leistungsabnehmers hergestellt werden. Die Produktionsanlage selbst erzeugt beim Leistungsabnehmer keinen Nutzen, sondern die darauf hergestellten Produkten, die seine Geschäftsprozesse und -produkte unterstützen. So besitzt beispielsweise eine IT-Lösung für die Rechnungserstellung aus Sicht eines Leistungsabnehmers keinen eigentlichen geschäftlichen Nutzen. Erst deren Output innerhalb seiner Geschäftsprozesse, z.B. die Abwicklung eines Rechnungsvorganges oder die Erfassung von Rechnungsdaten, erzeugt den geschäftlichen Nutzen.

Kategorie 3 - „Geschäftsprozeßunterstützende IT-Produkte"

Der Leistungsabnehmer kauft IT-Produkte zur Unterstützung seiner Geschäftsprozesse ein.

Der Nutzen und somit das eigentliche Produkt eines IT-Leistungserbringers ist eine Prozeßunterstützungsleistung. Prozeßunterstüztende IT-Produkte setzen sich in der Praxis aus einer Vielzahl einzelner IT-Leistungen zusammen.

Neben den eigentlichen Kernleistungen zur Bereitstellung von Hardware, Software und Netzwerken zählen dazu auch Management- und Supportleistungen. So werden im oben genannten Beispiel des Beförderungsunternehmens etwa Supportleistungen in Form eines Helpdesks für den Anwendersupport oder Managementleistungen für den Rechenzentrumsbetrieb benötigt.

Typische geschäftsprozeßunterstützende IT-Produkte sind:

- IT-Unterstützung eines Personalprozesses (z.B. Erstellung der Lohn und Gehaltsabrechnung),

- IT-Unterstützung eines Beschaffungsprozesses,

- IT-Unterstützung eines elektronischen Vertriebsprozesses,

- IT-Unterstützung von Bürokommunikationsprozessen (z.B. E-Mail-Service, Textverarbeitung, Internet-Service).

Im Unterschied zu den IT-Leistungen der Kategorien 1 und 2 verhandeln Leistungserbringer und -abnehmer bei prozeßunterstützenden IT-Produkten nicht über technische Parameter und Funktionalitäten, sondern über die geschäftsorientierten Produkteigenschaften und -konditionen. Die Verhandlungen würden sich für das oben beschriebene IT-Produkt „Fahrschein erstellen" z.B. auf folgende Aspekte konzentrieren:

- *Produkteigenschaften* (welcher Umfang an IT-Unterstützung ist innerhalb des Geschäftsprozesses erforderlich und welche Funktionalität muß das IT-Produkt beinhalten),

- *Produktmenge* (zu erwartende Anzahl der Fahrscheine pro Monat),

- *Produktpreis* (pro Fahrschein),

- *Lieferbedingungen* (wann und innerhalb welcher Zeitdauer müssen die Fahrscheine erstellt werden),

- *Produktqualität* (z.B. garantierte Lieferung eines Fahrscheines innerhalb von 30 Sekunden mit einer Wahrscheinlichkeit von 99,9%).

Der Leistungserbringer baut die notwendige Produktionskapazität auf und stellt die für das IT-Produkt benötigten IT-Leistungen her. Herstellung bedeutet in diesem Zusammenhang, daß bei jeder Ausführung eines Geschäftsprozesses ein IT-Produkt im Sinne einer Prozeßunterstützungsleistung produziert wird. Wird beispielsweise durch einen Kunden an einem Selbstbedienungsterminal ein Fahrschein ausgedruckt, so wird in diesem Moment ein IT-Produkt „Fahrschein erstellen" vom Leistungserbringer hergestellt und vom Leistungsabnehmer verbraucht. Herstellung und Verbrauch des Produktes erfolgen, wie bei Dienstleistungsprodukten üblich, gleichzeitig.

Vor allem große IT-Dienstleister sind heute bereits in der Lage, für ausgewählte Geschäftsprozesse prozeßunterstützende IT-Produkte anzubieten. Bsp. 2 stellt ein derartiges Produktangebot der Deutschen Telekom AG vor.

Bsp. 2. Produktkatalog des Zentralbereichs Billing Services der Deutschen Telekom AG [DeutscheTelekom 2001].

Der Zentralbereich (ZB) Billing Services ist als Billing Competence Center innerhalb der Deutschen Telekom AG positioniert. Er entwickelt und betreibt für die am Markt agierenden Konzerneinheiten – T-Mobile, T-Com, T-Online, T-Systems – sowie den Konzerndienstleister T-Networks Billing- und Accounts-Receivable-Lösungen. Des weiteren werden für Endkunden der Deutschen Telekom AG Serviceleistungen in der elektronischen Rechnungsbereitstellung und –nachverarbeitung erbracht. Als einer der weltweit größten Dienstleister in diesem Marktsegment hat der ZB Billing Services im Jahr 2000 monatlich rund 38 Mio. Rechnungen und 9,1 Mio. Einzelverbindungsübersichten erstellt. Insgesamt wurden pro Monat 6,1 Mrd. Leistungsfälle von 41.000 Anwendern verarbeitet.

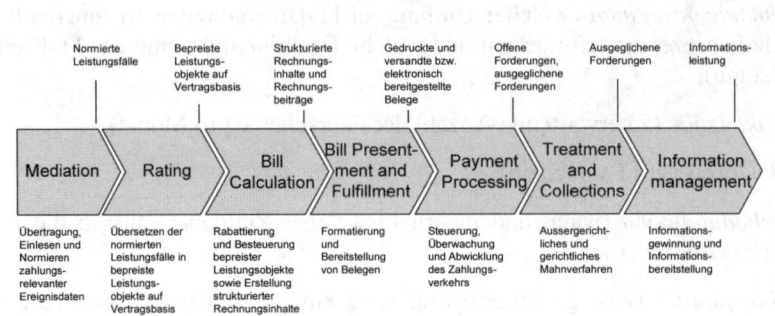

Abb. 12. Wertschöpfungskette Billing- und Accounts-Receivable-Prozeß

Das Leistungsportfolio des ZB Billing Services ist in Form eines Produktkataloges beschrieben und umfaßt prozeßunterstützende Produkte der Kategorie 3. Diese sind entlang der Wertschöpfungskette des Billing- und Accounts-Receivable-Prozesses definiert, der in Abb. 12 dargestellt ist.

Das Leistungsportfolio besteht aus Produkten für jede einzelne Wertschöpfungsstufe. So setzt sich beispielsweise das Produkt für die Wertschöpfungsstufe „Rating" aus den folgenden standardisierten Teilfunktionen zusammen:

- Zuordnung von Leistungsfällen zu einem Vertrag und zu einem Produkt,

- Ermittlung der Nutzungsmengen,

- Zuordnung eines Preises,

- Kumulierung von Leistungsfällen und erzeugen von bepreisten Leistungsobjekten.

Die angebotenen Produkte umfassen sämtliche zur Erbringung der Teilfunktionen erforderlichen IT-Leistungen. Der Produktpreis wird auf Target-Costing-Basis verhandelt und basiert auf der Identifikation und Bemessung der Werttreiber in den einzelnen Abschnitten der Wertschöpfungskette.

Prozeßunterstützende IT-Produkte ermöglichen es dem Leistungsabnehmer, auf der Grundlage seiner Geschäftsprozesse über rein geschäftliche Größen und Produktkonditionen mit dem Leistungserbringer zu verhandeln. Die Grundlage der Produktdefinition bilden geschäftsprozeßorientierte Größen, wie z.B. „Rechnung erstellen", „Überweisung ausführen" oder „Mahnung versenden". Wie die für die IT-Produkte benötigten IT-Leistungen technisch hergestellt werden, liegt ausschließlich in der Verantwortung des Leistungserbringers. Der Leistungsabnehmer ist von der hinter den Produkten liegenden technischen Komplexität vollständig abgeschirmt. Auch die Unterscheidung in eine Entwicklungs- und Betriebsphase ist für den Leistungsabnehmer unerheblich, da diese lediglich den internen Herstellungsprozeß des Leistungserbringers betrifft.

Kategorie 4 - „Geschäftsproduktunterstützende IT-Produkte"

Nicht nur interne Geschäftsprozesse, sondern auch die eigentlichen Geschäftsprodukte eines Leistungsabnehmers beinhalten zunehmend IT-Produkte. So beinhalten beispielsweise die Geschäftsprodukte der Telekommunikations-, Unterhaltungselektronik- oder Automobilbranche heute bereits eine Vielzahl von IT-Produkten. Vollständig IT-basierte Geschäftsprodukte existieren ebenfalls, z.B. elektronische Tickets, netzbasierte Anrufbeantworter oder Internet-Zugänge. IT-basierte Geschäftsprodukte beinhalten in der Regel Prozeßleistungen, innerhalb derer wiederum prozeßunterstützende IT-Produkte eingesetzt werden. So erfordert der Verkauf eines elektronischen Tickets einen elektronischen Bestellprozeß. Die Bereitstellung eines Internet-Zugangs erfordert Prozesse zur Verwaltung der Anwenderdaten und zur Abrechnung der Nutzungsgebühren.

Geschäftsproduktunterstützende IT-Produkte besitzen eine sehr hohe Geschäftsorientierung, da sie unmittelbar in ein Geschäftsprodukt einfließen.

Die zwischen Leistungserbringer und -abnehmer verhandelten Produktpreise, die Funktionalität der IT-Produkte und deren Qualität haben entscheidenden Einfluß auf die Wettbewerbsfähigkeit der Geschäftsprodukte. Die geschäftliche Bedeutung ist damit meist deutlich höher als bei IT-Leistungen und IT-Produkten der Kategorien 1-3.

IT-Produkte und Outsourcing

An den aktuellen Entwicklungstrends im Outsourcing kann das sich wandelnde Produktverständnis von ressourcenorientierten IT-Leistungen der Kategorie 1 bis hin zu geschäftsproduktunterstützenden IT-Produkten der Kategorie 4 nachvollzogen werden. Bsp. 3 geht hierauf ein.

Die vier Kategorien von IT-Leistungen und IT-Produkten schließen sich nicht gegenseitig aus. Sie werden im Gegenteil in der Praxis komplementär eingesetzt. Die IT-Produkte des Leistungserbringers setzen sich aus IT-Leistungen zusammen (siehe Abb. 13). Um die IT-Leistungen erbringen zu können, muß der Leistungserbringer auch weiterhin IT-Projekte abwickeln, Anwendungssysteme entwickeln und Infrastrukturen betreiben. Intern ist es für den Leistungserbringer aus diesem Grund erforderlich, seine Leistungen in Form von ressourcen- und lösungsorientierten IT-Leistungen zu definieren. Die extern für den Leistungsabnehmer bereitgestellten geschäftsprozeß- und geschäftsproduktunterstützenden IT-Produkte entstehen durch die Kombination und Integration der internen Leistungen des Leistungserbringers. Die internen IT-Leistungen bilden somit das Bindeglied zwischen den IT-orientierten Basisobjekten des Leistungserbringers (Projekte, Anwendungen, Infrastrukturen) und den vom Leistungsabnehmer geforderten geschäftsorientierten externen IT-Produkten

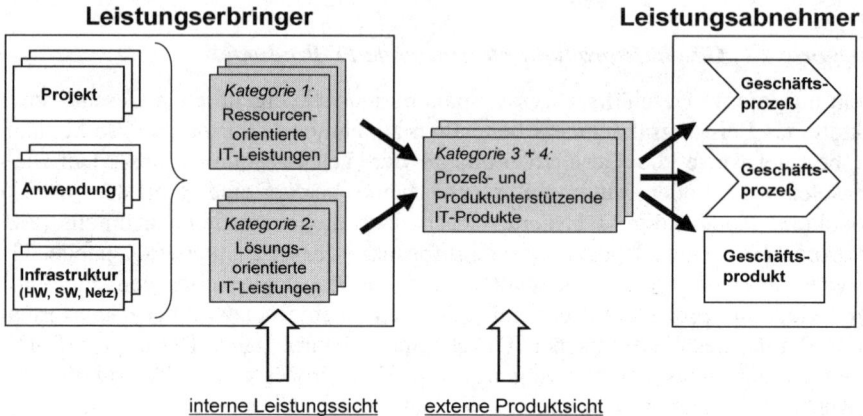

Abb. 13. Interne und externe Produktsicht des Leistungserbringers

---

Bsp. 3. Entwicklung des IT-Leistungs- und IT-Produktverständnisses im Outsourcing

Outsourcing stellt einen Treiber für die Weiterentwicklung des IT-Produktverständnisses dar, da es auf einer klaren Trennung von Leistungserbringer und Leistungsabnehmer sowie marktorientierten Wettbewerbsstrukturen basiert. Die Entwicklung neuer Outsourcing-Varianten zeigt exemplarisch alle vier hier beschriebenen Kategorien von IT-Leistungen und IT-Produkten auf.

Dem klassischen *Infrastruktur-Outsourcing* liegt ein ressourcenorientiertes IT-Leistungsverständnis zugrunde. Infrastruktur-Outsourcing umfaßt die Auslagerung der IT oder von Teilen der IT. IT-Ressourcen werden an externe Leistungserbringer ausgelagert. Der Leistungserbringer übernimmt in vielen Fällen gegen Bezahlung auch bestehende IT-Ressourcen vom Leistungsabnehmer, z.B. Vermögenswerte oder Mitarbeiter. Dem Leistungsabnehmer wird für die Nutzung der IT-Ressourcen ein vorab vereinbarter Preis in Rechnung gestellt.

Lösungsorientierte IT-Leistungen der Kategorie 2 stehen im Mittelpunkt neuer Outsourcing-Varianten, wie dem *Application-Management-Outsourcing* oder dem *Application-Service-Providing (ASP)*. Beim Application-Management-Outsourcing übernimmt der Leistungserbringer neben Betrieb und Wartung der Anwendungsinfrastruktur auch die Weiterentwicklung einer Anwendung. Er betreut die Anwendung über ihren kompletten Lebenszyklus hinweg. Obwohl der Leistungserbringer hierdurch die Verantwortung für die Anwendung übernimmt, bleibt sie in der Regel weiterhin im Besitz des Leistungsabnehmers. ASP stellt einen Ansatz zur Miete von Softwareanwendungen dar, bei dem ein Leistungserbringer eine Anwendung zur Verfügung stellt und dafür einen, in der Regel nutzungsabhängigen, Mietpreis erhält. Anwendungen und dazugehörige Infrastrukturen verbleiben im Besitz des Leistungserbringers.

Das *Business-Process-Outsourcing (BPO)* basiert auf prozeßunterstützenden IT-Produkten der Kategorie 3. Im Rahmen des BPO wird ein kompletter Geschäftsprozeß oder Teile davon an externe Leistungserbringer ausgelagert. Häufig übernimmt der Leistungserbringer in diesem Zusammenhang vom Leistungsabnehmer auch die mit dem Geschäftsprozeß verknüpften Ressourcen, z.B. existierende IT-Infrastrukturen, Anwendungen und Mitarbeiter. Die Leistungsverrechnung kann auf der Basis von Stückkosten erfolgen. Variable Preismodelle, die unterschiedliche Abnahmemengen von IT-Produkten durch den Leistungsabnehmer berücksichtigen, führen dazu, daß der Leistungserbringer einen Teil des Geschäftsrisikos des Kunden übernimmt. Wird beispielsweise der Prozeß der Rechnungserstellung ausgelagert und vom Leistungsabnehmer ein Preis pro erstellte Rechnung bezahlt, so wirken sich geschäftliche Einbußen des Leistungsabnehmers, die zu einer geringeren Zahl an Rechnungen führen, unmittelbar auf die Einnahmen des Leistungserbringers aus.

Die Auslagerung geschäftsproduktunterstützender IT-Produkte der Kategorie 4 führt zu einem *Business-Product-Outsourcing*. Lagert beispielsweise ein Telekommunikationsunternehmen die für sein Geschäftsprodukt „Telefonneuanschluß" erforderlichen IT-Leistungen an einen externen Leistungserbringer aus, so handelt es sich um ein Business-Product-Outsourcing. Ähnlich wie beim Business-Process-Outsourcing übernimmt auch hier der Leistungserbringer im Falle variabler Preismodelle einen Teil des geschäftlichen Risikos. Werden durch den Leistungsabnehmer weniger neue Telefonanschlüsse verkauft, verringern sich die Einnahmen des Leistungserbringers.

Die Voraussetzungen für eine produktorientierte Zusammenarbeit werden in vielen Unternehmen heute geschaffen. IT-Dienstleister bauen beispielsweise Vertriebs- und Marketingorganisationen auf, definieren Produktkataloge oder etablieren ein Service-Level-Management. In den Geschäftsbereichen werden Einheiten für den Einkauf von IT-Produkten geschaffen, Einkaufsstrategien für unterschiedliche Produktkategorien entworfen oder sogar Ansätze zur Neuausrichtung der Rolle des CIO hin zu einem Chief-Sourcing-Officer diskutiert.

In jedem Fall erfordert die praktische Umsetzung die Schaffung neuer Rollen und eine Umverteilung der Aufgaben innerhalb des Informationsmanagements (siehe Abb. 14)

> *Eine zentrale Bedeutung kommt dem Produktmanagement zu, das auf Seite des Leistungserbringers für den Verkauf von IT-Produkten und auf Seite des Leistungsabnehmers für den Einkauf von IT-Produkten verantwortlich ist.*

Dem Produktmanagement des Leistungsabnehmers obliegt es, die benötigten IT-Produkte mit einem Leistungserbringer zu verhandeln und von diesem einzukaufen. Die Rolle des Produktmanagers kann dabei beispielsweise von den jeweiligen Geschäftsprozeßmanagern übernommen werden, da diese für die Geschäftsprozesse und somit auch für die im Geschäftsprozeß benötigten IT-Produkte verantwortlich sind. Alternativ kann, vor allem in größeren Unternehmen, eine zentrale Organisationseinheit das Produktmanagement übernehmen (z.B. eine CIO-Organisation des Geschäftsbereichs).

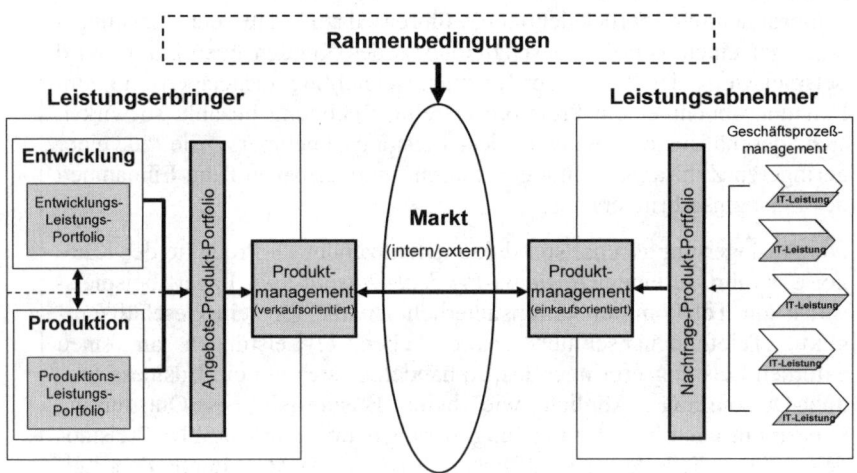

Abb. 14. Elemente und Rollen innerhalb eines produktorientierten Informationsmanagements

Auf Seiten des Leistungserbringers existiert ebenfalls ein Produktmanagement, das die Schnittstelle zum Leistungsabnehmer bildet. Dieses nimmt die klassischen Aufgaben des Produktmanagements wahr, d.h. die Produktentwicklung, die Markteinführung neuer Produkte, die Produktbetreuung, die Marktbeobachtung und das Produkt-Controlling [Matys 2002].

Die Definition des Angebots-Portfolios ist eine strategische Managementaufgabe.

In der Regel verfügen sowohl Entwicklungs- als auch Produktionsbereiche des Leistungserbringers über eigenständige Leistungs-Portfolios, die unterschiedliche Leistungen enthalten. Typische Leistungen der Entwicklungsbereiche sind beispielsweise die Bereitstellung von Entwicklungsressourcen oder die Entwicklung von Anwendungssystemen. In der Produktion werden dahingegen vor allem Betriebsressourcen, Infrastrukturkomponenten oder Supportleistungen angeboten. Eine zentrale Aufgabe des Produktmanagements des Leistungserbringers ist es, die einzelnen Entwicklungs- und Produktions-Portfolios zu einem integrierten Angebots-Portfolio zusammenzuführen, da nur auf diese Weise kundenorientierte IT-Produkte entstehen können.

Die Erstellung des Angebots-Portfolio des Leistungserbringers erfordert eine intensive Zusammenarbeit der Entwicklungs- und Produktionsbereiche, da jedes im Portfolio enthaltene IT-Produkt gestaltet (d.h. entwickelt) und produziert (d.h. hergestellt) werden muß.

Um ein bedarfsgerechtes Angebots-Portfolio zusammensetzen zu können, ist eine intensive Kommunikation zwischen dem Produktmanagement des Leistungserbringers und des Leistungsabnehmers erforderlich.

	Traditionelles IT-Management	Produktorientiertes IT-Management
Selbstverständnis der IT	Projektabwickler und Betreiber	Dienstleistungsproduzent
Grundlage der Zusammenarbeit von IT und Geschäftsbereich	gemeinsame Projektabwicklung	Produktvertrieb und -einkauf
Formaler Rahmen der Zusammenarbeit	Auftragsverhältnis	Marktmechanismus
Steuerungsinstrument	Projektmanagement	Produktmanagement
Leistungsverrechnung	Kostenverrechnung	Produktpreis
Sichtweise der IT	IT/Technik-zentriert	Kundenzentriert
Verhalten der IT	Reaktiv	Proaktiv
Bezugsobjekt	Anwendungssystem; Lösung	Produkt
Basismodell der IT	Phasenorientierte Systemsicht (Planung, Entwicklung, Betrieb)	Integrierte Produktsicht (Produkgestaltung, -herstellung)
Aufgabe der Geschäftsbereiche	Spezifikation der Systemanforderungen	Verhandlung von Produkteigenschaften

Abb. 15. Unterschiede zwischen traditionellem und produktorientiertem Informationsmanagement

Die Auswirkungen eines produktorientierten Informationsmanagements werden vor allem an den Unterschieden zur traditionellen projektorientierten Sichtweise deutlich (siehe Abb. 15):

• Das Selbstverständnis des IT-Bereichs wandelt sich von einem reinen Projektabwickler und Betreiber hin zu einem Produzenten von Produkten.

- Die Grundlage der Zusammenarbeit zwischen IT-Bereich und Geschäftsbereich bildet nicht mehr die gemeinsame Abwicklung von IT-Projekten, sondern der Vertrieb und Einkauf von Produkten.

- Als Konsequenz aus den beiden erstgenannten Punkten ist das formale Verhältnis zwischen IT-Bereich und Geschäftsbereich nicht mehr durch ein Auftragsverhältnis gekennzeichnet, sondern basiert auf einem wettbewerbsorientierten Marktmechanismus.

- Das klassische Projektmanagement wird als Steuerungsinstrument durch ein Produktmanagement auf Seiten der IT-Bereiche und Geschäftsbereiche ersetzt.

- Die Leistungsverrechnung erfolgt nicht über einen festgelegten Kostenschlüssel, sondern über den Produktpreis. Dies garantiert eine verursachergerechte Zuordnung, da der Anwender eines IT-Produkts durch dessen Kauf unmittelbar dafür bezahlt. Der Leistungserbringer muß im Rahmen der Preisgestaltung seine tatsächlichen Produktkosten kennen und berücksichtigen.

- Die neue Art der Zusammenarbeit führt zu einer geänderten Sicht- und Verhaltensweise des IT-Bereichs. Nicht mehr technologische Aspekte stehen im Vordergrund, sondern der Bedarf der Kunden. An die Stelle einer reaktiven Verhaltensweise, bei der auf eine Anforderung der Geschäftsbereiche hin mit der Durchführung eines gemeinsamen IT-Projektes reagiert wurde, tritt eine proaktive Gestaltung eines Produkt-Portfolios, welches durch seine Kundenorientierung eine möglichst hohe Absatzwahrscheinlichkeit der im Portfolio enthaltenen Produkte verspricht.

- Grundlegende Bezugsobjekte des IT-Bereichs sind nicht mehr Anwendungssysteme und Lösungen, sondern Produkte. Hierdurch ändert sich auch das Basismodell des IT-Bereichs. Die phasenorientierte Systemsicht, mit der Unterscheidung einer Planungs-, Entwicklungs- und Betriebsphase, wird abgelöst durch eine integrierte Produktsicht, die das Angebot von Komplettprodukten an die Kunden ermöglicht. Lag die Aufgabe der Geschäftsbereiche bisher vor allem in der Spezifikation von Systemanforderungen, so konzentriert sie sich nun auf die Verhandlung geschäftsorientierter Produkteigenschaften mit dem IT-Dienstleister.

2.2.3 Kernaussagen und Empfehlungen

- Die Zusammenarbeit zwischen Geschäftsbereichen und IT-Dienstleistern basiert auf dem Einkauf und Verkauf von IT-Produkten.

- IT-Leistungen stellen die Fertigungsprodukte und IT-Produkte die Absatzprodukte eines IT-Dienstleisters dar.

- Ein IT-Produkt setzt sich aus IT-Leistungen zusammen und unterstützt einen Geschäftsprozeß oder ein Geschäftsprodukt des Leistungsabnehmers.

- Ein IT-Produkt muß in den Geschäftsprozessen oder Geschäftsprodukten einen Nutzen für den Leistungsabnehmer erzielen.

- Es lassen sich zwei Arten von IT-Leistungen unterscheiden: Ressourcenorientierte Leistungen und lösungsorientierte Leistungen.

- Es lassen sich zwei Arten von IT-Produkten unterscheiden: Geschäftsprozeßunterstützende und geschäftsproduktunterstützende Produkte.

- Prozeßunterstützende IT-Produkte eignen sich sowohl für die Unterstützung standardisierter Geschäftsprozesse mit hohen Volumina, wie z.B. Buchhaltungsprozesse, Personalprozesse oder Einkaufsprozesse, als auch individueller Geschäftsprozesse, wie z.B. Vertriebs- oder Logistikprozesse.

- Ein produktorientiertes Informationsmanagement erfordert neue Rollen. Eine zentrale Bedeutung kommt dem Produktmanagement zu, das auf Seite des Leistungserbringers und des Leistungsabnehmers für den Verkauf bzw. Einkauf der IT-Produkte verantwortlich ist.

- Die Entwicklungs- und Produktionsbereiche eines IT-Dienstleisters müssen eng zusammenarbeiten, um ein kundengerechtes Produkt-Portfolio definieren zu können.

2.3 Industrialisierung der IT-Leistungserstellung

2.3.1 Einordnung

IT-Leistungen müssen vom IT-Leistungserbringer gestaltet und produziert werden. Die IT-Leistungserstellung läßt sich somit als Fertigungsprozeß betrachten, der in vieler Hinsicht mit den Fertigungsprozessen anderer Unternehmen und Branchen vergleichbar ist. Im Folgenden beschreiben wir einige Analogien zwischen der industriellen Fertigung und der IT-Leistungserstellung. Ziel ist es, diejenigen Bereiche zu identifizieren, in denen eine Übertragung erfolgreicher Managementkonzepte und -methoden aus der industriellen Fertigung auf die IT-Leistungserstellung möglich und sinnvoll ist.

2.3.2 IT-Leistungserstellung

Die IT-Leistungserstellung läßt sich als Fertigungsprozeß betrachten. Dieser setzt sich aus den drei in Abb. 16 dargestellten Hauptaktivitäten zusammen.

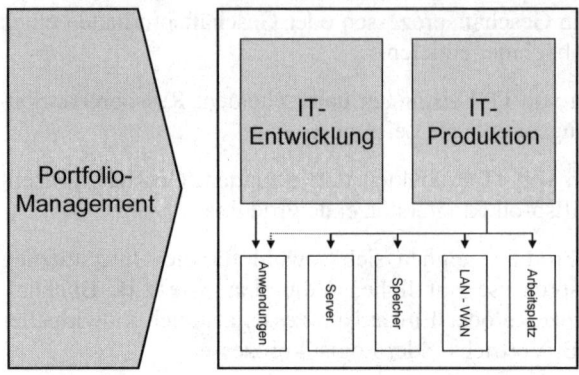

Abb. 16. Prozeß der IT-Leistungerstellung

Im Rahmen des Portfolio-Managements, das man in der industriellen Fertigung häufig auch als Programm-Management bezeichnet, wird das Portfolio von IT-Leistungen (Fertigungs-Portfolio) des Leistungserbringers aktiv gestaltet und gesteuert. Das Portfolio-Management legt die Eigenschaften der Leistungen fest und definiert die Anforderungen an die IT-Entwicklung und IT-Produktion. Die Entwicklung ist für die technische Gestaltung der Leistungen zuständig. Im Bereich der IT konzentriert sich die Entwicklung im wesentlichen auf die Anwendungsentwicklung. Die Produktionsinfrastruktur eines IT-Leistungserbringers setzen sich, wie bereits in der Einleitung beschrieben, aus den fünf Elementen Anwendungssysteme, Server, Speicher, WAN/LAN und Arbeitsplatzsystemen zusammen. Die IT-Produktion ist, mit Ausnahme der Anwendungen, für die Gestaltung der Produktionsinfrastruktur verantwortlich und steuert den eigentlichen Produktionsprozeß. Eine detaillierte Beschreibung der Prozesse und Aufgaben innerhalb der IT-Leistungserstellung erfolgt im Rahmen der Beschreibung des Modells eines integrierten Informationsmanagements in Kapitel 3.

Die Betrachtung der IT-Leistungserstellung als Fertigungsprozeß erlaubt es, erfolgreiche Managementansätze und -methoden aus der industriellen Fertigung auf die IT-Leistungserstellung zu übertragen.

Als Ausgangspunkt dieser Übertragung lohnt es sich, einen Blick auf die historische Entwicklung der industriellen Fertigung zu werfen. Abb. 17 gibt einen Überblick über zentrale Konzepte, Treiber und Ergebnisse, die die Entwicklung in der Industrie geprägt haben.

Zwei Erkenntnisse lassen sich aus der Betrachtung der Historie gewinnen. Einerseits war und ist die industrielle Leistungserstellung mit vergleichbaren Herausforderungen wie die IT-Leistungserstellung konfrontiert: Automatisierung, Modularisierung, Fokussierung, Flexibilisierung und Wertorientierung sind zentrale Herausforderungen sowohl für die industrielle als auch die IT-Leistungserstellung.

Andererseits hinkt die Entwicklung innerhalb der IT-Leistungserstellung zeitlich hinterher.

In der IT-Leistungserstellung dominieren heute diejenigen Fragestellungen, mit denen sich die Industrie in den 1980er Jahren auseinander gesetzt hat.

	Konzept	Treiber	Ergebnis
1960er Jahre	Erfahrungskurve	100% mehr Volumen, 20-30% weniger Kosten	große Fabriken
1970er Jahre	Portfolio Management	Cash-Einsatz proportional zu Wachstumsrate, Unternehmen bestehend aus unabhängigen Geschäftseinheiten	fokussierte Fabriken
1970er Jahre	Schulden-management	"Wachsen mit Schulden"	Automatisierung
1980er Jahre	Verursacher-gerechte Kosten	Komplexität, Agressive Preisgestaltung	Module in der Produktion
1980er Jahre	Restrukturierung	Schutz gegen Corporate Raiders	Konzentration auf Kerngeschäft
1990er Jahre	Zeitmanagement	"Reaktionszeit ist alles"	JIT, Kanban, Lean Factory
1990er Jahre	Gemeinsame Plattformen	Standardisierung	Value Networks

Abb. 17. Konzepte, Treiber und Ergebnisse in der industriellen Leistungserstellung

Der Prozeß der Leistungserstellung bewegt sich in einem Spannungsfeld zwischen externen Marktzielen und internen Betriebszielen (siehe Abb. 18). Einerseits erwarten die Kunden eines Unternehmens eine schnelle Lieferung und hohe Qualität der Produkte. Andererseits unterliegt die eigentliche Leistungserstellung internen Betriebszielen, vor allem einer hohen Flexibilität, die eine Reaktion auf Nachfrageschwankungen erlaubt, und möglichst geringen Betriebskosten. Nur durch die Kombination beider Zielsysteme läßt sich letztendlich eine hohe Wirtschaftlichkeit erzielen.

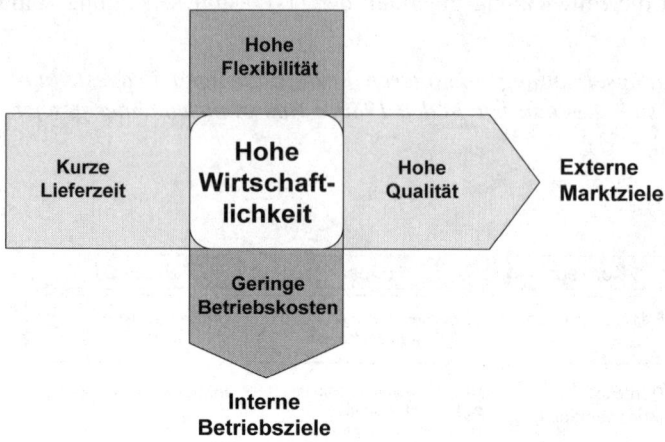

Abb. 18. Zieldivergenzen in der IT-Leistungserstellung

Managementkonzepte aus der industriellen Fertigung können auf die IT-Leistungserstellung übertragen werden. Vielversprechend erscheint eine derartige Übertragung aus unserer Sicht vor allem in den folgenden fünf Bereichen (siehe Abb. 19):

- Konzepte der *integrierten Leistungserstellung*: Bei diesen steht eine integrative, d.h. gesamthafte Betrachtung des Leistungserstellungsprozesses im Mittelpunkt. Hierzu zählen beispielsweise Konzepte wie Value Engineering, Design-for-Manufacture-and-Assembly oder Plant Engineering. Das Value Engineering ermöglicht einen funktionsorientierten und wirtschaftlichen Gestaltungsprozeß von IT-Produkten, mit Hilfe dessen bedarfsgerechte, marktfähige Leistungen gestaltet werden können (siehe Kapitel 4.4). Durch die Anwendung von Prinzipien des Design-for-Manufacture-and-Assembly lassen sich IT-Leistungen produktionsgerecht gestalten. Produktionsgerecht bedeutet dabei, daß die Leistung alle funktionalen Anforderungen erfüllt und gleichzeitig mit minimalem Aufwand produziert werden kann. Das Plant Engineering (Fabrikplanung) bietet Lösungsansätze zur Planung und Auslegung der Produktionsstätten sowie zur Überwachung der Realisierung bis zum Anlauf der Produktion. Im Bereich der IT bezieht es sich somit vor allem auf die Rechenzentrumsplanung.

- Konzepte der *Produktionsplanung und -steuerung*: Die Industrie verfügt im Bereich der Produktionsprogrammplanung, Mengenplanung, Terminplanung, Kapazitätsplanung und Auftragsüberwachung über eine Vielzahl detaillierter und ausgereifter Konzepte, die den heute in der Praxis der IT-Leistungserstellung verwendeten Ansätzen deutlich voraus sind.

- Konzepte der *Kosten- und Leistungsrechnung (KLR)*: Sowohl bei grundlegenden Fragestellungen der KLR (z.B. der Prozeßkostenrechnung, der Verrechnung von Einzel- und Gemeinkosten oder der Unterscheidung von Nutz- und Leerkosten) als auch bei der konkreten Gestaltung einer Kostenarten-, Kostenstellen-, und Kostenträgerrechnung, dem Einsatz von Kalkulationsverfahren, der Deckungsbeitragsrechnung oder der Plankostenrechnung bietet die Industrie einen breiten Erfahrungsschatz, auf den zum Ausbau der oft rudimentären Ansätze im Bereich der IT-Leistungserstellung zurückgegriffen werden kann.

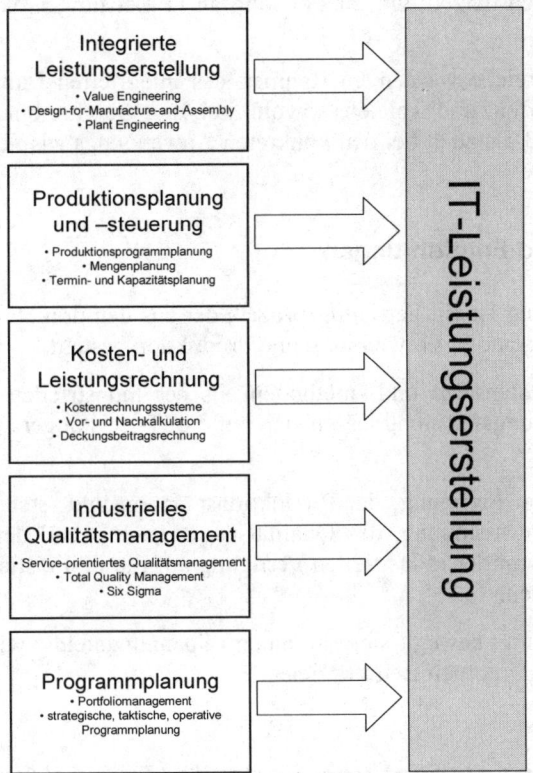

Abb. 19. Analogien zwischen industrieller und IT-Leistungserstellung

- Konzepte des *Qualitätsmanagements*: Obwohl Qualität auch innerhalb der IT-Leistungserstellung eine zentrale Rolle spielt, weisen die in der Praxis eingesetzten IT-Qualitätsmanagement-Ansätze eine starke Phasenorientierung, beispielsweise auf die Softwareentwicklung oder den Betrieb, auf. Eine gesamthafte, vom Kunden ausgehende Qualitätsbetrachtung scheitert meist bereits an grundlegende Fragen, wie z.B. der Frage nach der systematischen

Definition und Erfassung der durch IT-Produkte verursachten Qualitätskosten. Die in der industriellen Leistungserstellung entwickelten, ganzheitlichen Ansätze, wie z.B. Total Quality Management oder Six Sigma, bieten hier deutlich weiterreichende Lösungskonzepte.

- Konzepte der *Programmplanung*: Die Industrie verfügt über einen breiten Erfahrungsschatz an Konzepten und Methoden zur gesamthaften Planung und Steuerung des Fertigungs- und Absatzprogramms. Das Fertigungs- und Absatzprogramm wird strategisch, taktisch und operativ geplant. Die Planung ist eng verzahnt mit der Entwicklungs- und Produktionsplanung. IT-Leistungserbringer können diese Erfahrungen nutzen, um ihr Portfolio an IT-Leistungen aktiv zu gestalten und zu steuern.

Alle fünf aufgeführten Bereiche werden im Rahmen des integrierten Informationsmanagements aufgegriffen und spielen sowohl bei der Beschreibung des Gesamtmodells in Kapitel 3 als auch bei den konkreten Anwendungsbeispielen in Kapitel 4 eine zentrale Rolle.

2.3.3 Kernaussagen und Empfehlungen

- Die IT-Leistungserstellung ist ein Fertigungsprozeß, der aus den drei Hauptaktivitäten Portfolio-Management, Entwicklung und Produktion besteht.

- Erfolgreiche Managementansätze und -methoden aus der industriellen Fertigung und der Dienstleistungsfertigung lassen sich auf die IT-Leistungerstellung übertragen.

- Konzepte der integrierten Fertigung, der Produktionsplanung und -steuerung, der Kosten- und Leistungsrechnung, des Qualitätsmanagements und der Programmplanung können von der industriellen Fertigung auf die IT-Leistungserstellung übertragen werden.

- Die IT-Leistungserstellung bewegt sich in einem Spannungsfeld zwischen externen Marktzielen und internen Betriebszielen.

2.4 Integriertes Management von Portfolio, Entwicklung und Produktion

2.4.1 Einordnung

Nur wenn die drei Teilbereiche der IT-Leistungserstellung, das Portfolio-Management, die Entwicklung und die Produktion, eng miteinander verzahnt werden, kann ein IT-Leistungserbringer bedarfsgerechte Leistungen auf wirtschaftliche Art und Weise herstellen. Im folgenden gehen wir auf diese Herausforderung ein und beschreiben, welchen Anforderungen ein integriertes Management von Portfolio, Entwicklung und Produktion gerecht werden muß.

2.4.2 Integriertes Management

Die Integrationsbemühungen innerhalb der IT-Leistungserstellung müssen sich in zwei Richtungen orientierten:

> *Die Managementprozesse innerhalb der IT-Leistungserstellung müssen sowohl horizontal als auch vertikal integriert sein.*

Konkret bedeutet dies (siehe Abb. 20):

- Die horizontale Integration konzentriert sich auf die Schnittstellen zwischen dem Portfolio-Management, der IT-Entwicklung und der IT-Produktion. Ziel ist die Entwicklung durchgängiger Managementkonzepte, die sich nicht auf einen der drei Teilbereiche konzentrieren, sondern die IT-Leistungserstellung als Ganzes betrachten.

- Die vertikale Integration stellt die unterschiedlichen Handlungsebenen innerhalb der IT-Leistungserstellung in den Vordergrund. In jedem der drei Teilbereiche existieren strategische, planerische und operative Aufgaben, die nicht isoliert betrachtet werden dürfen. Von entscheidender Bedeutung ist eine Integration vor allem auf strategischer Ebene. Portfolio-Strategie, Entwicklungs-Strategie und Produktions-Strategie eines IT-Leistungserbringers müssen aufeinander abgestimmt sein. Kapitel 3.2.4 geht hierauf vertieft ein. Die Entwicklungs- und Produktions-Planung erfolgt überwiegend getrennt, ist aber hinsichtlich Zeitabläufen und Ressourcen ebenfalls zu koordinieren. Auf der operativen Ebene kommt vor allem der IT-Produktion eine zentrale Rolle zu, da sie den Großteil der Aufgaben zur Herstellung der IT-Leistungen beinhaltet.

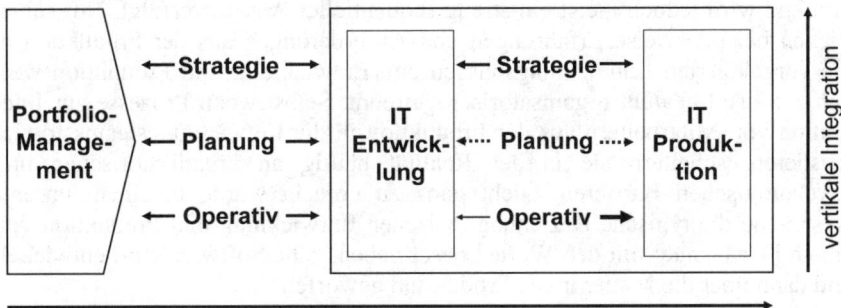

Abb. 20. Horizontale und Vertikale Integration der IT-Leistungserstellung

Beide Integrationsrichtungen spielen innerhalb des Modells des integrierten Informationsmanagements, das in Kapitel 3 vorgestellt wird, eine zentrale Rolle. Betrachtet man den aktuellen Status quo der IT-Leistungserstellung hinsichtlich der Integration, so fallen zwei Defizite unmittelbar ins Auge.

Anstelle eines gesamthaften Leistungs-Portfolios wird heute eine Vielzahl einzelner Leistungen isoliert geplant, entwickelt und produziert. Die Verbindungen zwischen den Leistungen schaffen Architekturen.

Der Fokus in der IT-Leistungserstellung liegt heute auf der Planung und Entwicklung, d.h. auf der funktionalen Gestaltung von IT-Leistungen. Die Produktion spielt nur eine untergeordnete Rolle.

Langfristige Verbesserungen lassen sich nur durch eine Weiterentwicklung der Informationsmanagementkonzepte und -instrumente erzielen. Drei Aspekte sollten aus unserer Sicht dabei im Mittelpunkt stehen:

- *Outputorientierung*: Eine outputorientierte Betrachtung stellt den Output der IT-Leistungserstellung, d.h. die IT-Leistungen in den Mittelpunkt. Portfolio, Entwicklung und Produktion werden als notwendige Teilaufgaben zur Erstellung einer Leistung angesehen. Alle drei Teilaufgaben müssen gleichberechtigt betrachtet werden, damit kundenorientierte, preisgünstige und qualitativ hochwertige IT-Leistungen entstehen können.

- *Durchgängigkeit*: Die Mehrzahl der heute in der Praxis eingesetzten Informationsmanagementinstrumente ist phasenorientiert. Sie konzentrieren sich entweder auf das Portfolio-Management, die Entwicklung oder die Produktion und versuchen diese zu optimieren. Nur durchgängige, phasenübergreifende Managementinstrumente erlauben dahingegen eine Gesamtoptimierung und outputorientierte Betrachtung.

- *Bidirektionalität*: Rückkopplungen finden sich heute meist nur innerhalb einer Phase der IT-Leistungserstellung. So sehen beispielsweise die meisten Verfahren zur Softwareentwicklung Schleifen und Rückkopplungen vor. Phasenübergreifend wird jedoch meist ein streng sequentieller Ansatz verfolgt. Nur selten fließen beispielsweise Erfahrungen und Anforderungen aus der Produktion in die vorgelagerten Entwicklungsphasen ein. Entwicklung und Produktion werden zum Teil bewußt organisatorisch getrennt. Selbst wenn Prozesse zur Integration von Mitarbeitern aus der Produktion in die Entwicklungsteams formal existieren, scheitern sie in der Realität häufig an organisatorischen und psychologischen Barrieren. Nicht ganz zu unrecht wurde in einem unserer Gespräche die typische Beziehung zwischen Entwicklung und Produktion von einem IT-Manager mit den Worten beschrieben: "Die Software wird entwickelt und dann über die Mauer in die Produktion geworfen".

IT-Leistungserbringer werden sich mit einer stärkeren Integration von Portfolio-, Entwicklungs- und Produktionsaufgaben auseinandersetzen müssen.

Der Produktion wird ein höherer Stellenwert innerhalb der IT-Leistungserstellung zukommen.

Allein der hohe Anteil der Produktion an den Gesamtkosten der IT-Leistungserstellung macht dies erforderlich, da sich der Hebel am wirkungsvollsten an den
größten Kostenblöcken ansetzen läßt. Aber auch die zunehmende Produktorientierung unterstützt diesen Trend. Höherwertige, kundenorientierte IT-Produkte beinhalten eine Vielzahl von Produktionsleistungen, die weit über den reinen Infra-
strukturbetrieb hinausgehen. Nur durch große Anstrengungen in der Produktion
können diese Produkte in der vom Kunden gewünschten Qualität und Quantität
geliefert werden.

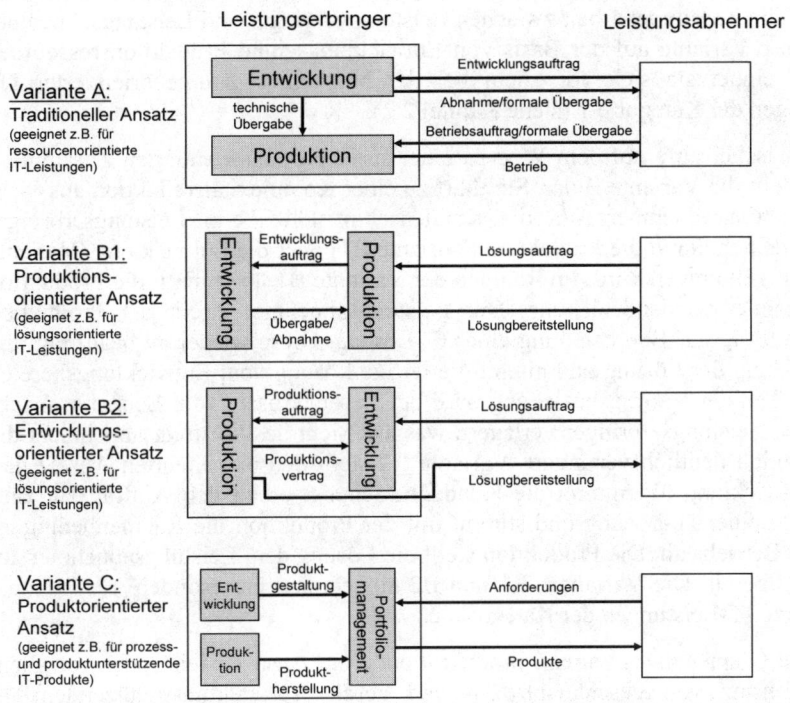

Abb. 21. Gestaltungsvarianten der formalen Schnittstelle zwischen Leistungserbringer und
Leistungsabnehmer

Die heute existierende Trennung von Entwicklung und Produktion zeigt sich auch
in der formalen Gestaltung der Schnittstelle zwischen Leistungserbringer und
Leistungsabnehmer. Traditionell gestaltet sich die Beziehung zwischen beiden wie
in Abb. 21 oben (Variante A) dargestellt. Der Leistungsabnehmer beauftragt in
einem ersten Schritt den Entwicklungsbereich mit der Entwicklung einer IT-
Lösung. Diese wird nach der Fertigstellung vom Leistungsabnehmer abgenom-

men. Im Anschluß erteilt er der Produktion einen Betriebsauftrag und übergibt die entwickelte Lösung. Bei der Übergabe der entwickelten Lösung vom Entwicklungsbereich an den Leistungsabnehmer und der Weitergabe von dort an die Produktion handelt es sich um einen rein formalen Mechanismus. In der Praxis wird die technische Übergabe direkt zwischen Entwicklung und Produktion vollzogen. Für den Leistungsabnehmer als Kunden führt die Variante A zu der Konsequenz, daß er zwei Verträge mit in der Regel zwei unterschiedlichen Vertragspartnern schließt, was für ihn eine aus geschäftlicher Sicht unnötige Komplexität darstellt. Die Praxis zeigt zudem, daß sich bei Problemen Entwicklung und Produktion gegenseitig die Verantwortung zuweisen und es für den Leistungsabnehmer schwierig ist, den tatsächlich Verantwortlichen für das Problem zu identifizieren. Da die Zusammenarbeit zwischen Leistungserbringer und Leistungsabnehmer bei dieser Variante auf der Basis von Entwicklungs- und Produktionsressourcen erfolgt, eignet sie sich vor allem bei der Nutzung ressourcenorientierter IT-Leistungen der Kategorie 1 (siehe Kapitel 2.2).

Eine Zwischenstufe auf dem Weg zu einer strikt produktorientierten Zusammenarbeit stellt die Variante B dar. Sie führt zu einer Komplexitätsreduktion aus Sicht des Leistungsabnehmers, da die Kundenschnittstelle beim Leistungserbringer ausschließlich durch die Produktion (Variante B1) oder die Entwicklung (Variante B2) wahrgenommen wird. Im Rahmen der Variante B1 übernimmt die Produktion die gesamte Kundenbeziehung. Der Leistungsabnehmer erteilt der Produktion einen Auftrag zur Bereitstellung einer IT-Lösung. Diese wiederum beauftragt die Entwicklung der Lösung und nimmt die fertige Lösung vom Entwicklungsbereich ab. Ein Teil der Vertragsbeziehung wird bei diesem Ansatz vom Leistungsabnehmer zum Leistungserbringer verlagert, was aus Sicht des Leistungsabnehmers die Komplexität deutlich verringert. Variante B2 stellt den umgekehrten Ansatz dar. Die Entwicklung übernimmt die Kundenbeziehung, erhält den Auftrag zur Entwicklung einer IT-Lösung und stimmt mit der Produktion die Rahmenbedingungen des Betriebs ab. Die Produktion stellt die Lösung dem Leistungsabnehmer zur Nutzung bereit. Die Varianten B1 und B2 eignen sich insbesondere für lösungsorientierte IT-Leistungen der Kategorie 2.

Variante C spiegelt den streng produktorientierten Ansatz wieder, der vor allem beim Einsatz von geschäftsprozeß- und geschäftsproduktunterstützenden IT-Produkten sinnvoll ist. Der Leistungsabnehmer kauft IT-Produkte vom Leistungserbringer ein. Die Schnittstelle zum Leistungsabnehmer bildet das Portfolio-Management. Die IT-Produkte beinhalten sowohl Entwicklungs- als auch Produktionsleistungen. Aus diesem Grund sind sowohl der Entwicklungs- als auch der Produktionsbereich an der Gestaltung und Herstellung der Leistungen gleichberechtigt beteiligt.

Wie kann nun eine integrierte Betrachtung von Portfolio, Entwicklung und Produktion in der Praxis erreicht werden?

Einen vielversprechenden Ansatz sehen wir in der bereits weiter oben geforderten Übertragung integrierter Managementkonzepte aus der industriellen Fertigung auf die IT-Leistungserstellung.

Simultaneous Engineering, Design-for-Manufacture-and-Assembly, Plant Engineering oder Value Engineering sind nur einige der konkreten Konzepte, die in der Industrie als Resultat jahrelanger Bemühungen um integrative Managementprozesse entstanden sind.

2.4.3 Kernaussagen und Empfehlungen

- Die Managementprozesse innerhalb der IT-Leistungserstellung müssen sowohl horizontal als auch vertikal integriert sein.

- Die horizontale Integration konzentriert sich auf die Schnittstellen zwischen Portfolio-Management, Entwicklung und Produktion. Die Managementprozesse müssen horizontal durchgängig gestaltet werden.

- Die vertikale Integration betrachtet die Integration der strategischen, planerischen und operativen Handlungsebenen innerhalb der IT-Leistungserstellung.

- Integrierte Managementprozesse müssen outputorientiert, durchgängig und bidirektional gestaltet werden.

- Der Produktion muß innerhalb der IT-Leistungserstellung ein höherer Stellenwert eingeräumt werden. Die Qualität der IT-Leistungen und deren Herstellungskosten werden maßgeblich durch die Produktion beeinflußt.

- Ein IT-Leistungserbringer muß sein Leistungs-Portfolio gesamthaft betrachten und steuern.

- Die Kundenschnittstelle eines IT-Leistungserbringers bildet das Portfolio-Management und nicht der Entwicklungs- oder Produktionsbereich.

2.5 Lebenszyklusorientiertes Informationsmanagement

2.5.1 Einordnung

IT-Produkte durchlaufen, wie jedes Produkt, einen Lebenszyklus. Das Portfolio von IT-Produkten eines IT-Leistungserbringers muß aus diesem Grund lebenszyklusorientiert gesteuert werden. In diesem Kapitel beschäftigen wir uns mit der Frage, welche Auswirkungen der IT-Produktlebenszyklus auf das Informationsmanagement hat und was ein lebenszyklusorientiertes Portfolio-Management konkret bedeutet.

2.5.2 Lebenszyklusbetrachtungen

Viele IT-Leistungserbringer stehen heute vor einer großen Herausforderung: Ihre laufenden Betriebs-, Wartungs- und Supportkosten nehmen Jahr für Jahr zu. Trotz Konsolidierungs- und Standardisierungsbemühungen gelingt es nicht, diese Kostenblöcke nachhaltig zu senken, vor allem weil immer neue Anwendungen zu betreiben und neue Technologien, Plattformen und Architekturen einzuführen sind. Während man in guten Zeiten die Auswirkungen dieser Entwicklung durch steigende IT-Budgets zumindest teilweise kompensieren konnte, ergeben sich bei stagnierenden oder gar sinkenden Budgets gravierende Folgen. Ein immer größerer Anteil des Budgets wird benötigt, um die existierenden Lösungen und Infrastrukturen aufrecht zu erhalten. Für die Umsetzung neuer Lösungen stehen dahingegen immer weniger Mittel zur Verfügung. Viele IT-Bereiche klagen bereits heute darüber, daß ihnen lediglich 10-30% ihres Budgets für die Umsetzung neuer IT-Vorhaben verbleiben. Der Rest muß für die Aufrechterhaltung der laufenden Produktion aufgewendet werden. Eine gestalterische oder gar strategische Rolle des IT-Bereichs innerhalb des Unternehmens ist unter diesen Prämissen zunehmend schwierig zu erreichen.

Wo liegen die Ursachen für diese Entwicklung? Aus unserer Sicht vor allem in einer Vernachlässigung lebenszyklusorientierter Managementkonzepte. Man ist sich zwar intuitiv der Zusammenhänge zwischen einmaligen Kosten für die Entwicklung neuer IT-Lösungen und wiederkehrenden Kosten für die Produktion und Weiterentwicklung bestehender Lösungen bewußt, verfügt aber weder über Lebenszyklusmodelle noch über konkrete Zahlen und Fakten hinsichtlich der Lebenszykluskosten. Im Rahmen des IT-Portfolio-Managements spielen Lebenszyklusaspekte heute in der Praxis kaum eine Rolle.

Das Lebenszyklus-Management ist eine Aufgabe des Portfolio-Managements. Das Portfolio von IT-Produkten muß aktiv über den Zeitverlauf gestaltet und gesteuert werden.

Bezeichnend ist in diesem Zusammenhang die Erkenntnis, daß man bei der Suche nach existierenden Lebenszyklusmodellen im Bereich der IT nahezu ausschließlich auf Konzepte für das Management des Softwareentwicklungs-Lebenszyklus trifft. Die Entwicklung ist zwar sicher von Bedeutung, aber bildet eben nur eine Phase im Lebenszyklus eines IT-Produktes. Umfassende Lebenszyklusmodelle, die von der Planung bis zur Außerbetriebnahme eines Produktes reichen, existieren innerhalb des Informationsmanagements nur äußerst selten.

Nur langsam setzt sich in der IT-Leistungserstellung die Erkenntnis durch, daß Gestaltungsentscheidungen, die in der Entwicklungsphase getroffen werden, große Auswirkungen auf die spätere Produktion des Produktes haben. Dabei gilt auch für IT-Produkte der in der Industrie seit langem bekannte Zusammenhang zwischen Kostenverursachung und Kostenentstehung, wie er in Abb. 22 dargestellt ist.

Ein Großteil der Kosten in den späteren Lebenszyklusphasen eines IT-Produktes wird durch Entscheidungen in der frühen Entwicklungsphase verursacht.

Die Kosten entstehen vor allem in den späten Lebenszyklusphasen, d.h. in der Produktion. Dort können sie jedoch nur noch geringfügig beeinflußt werden.

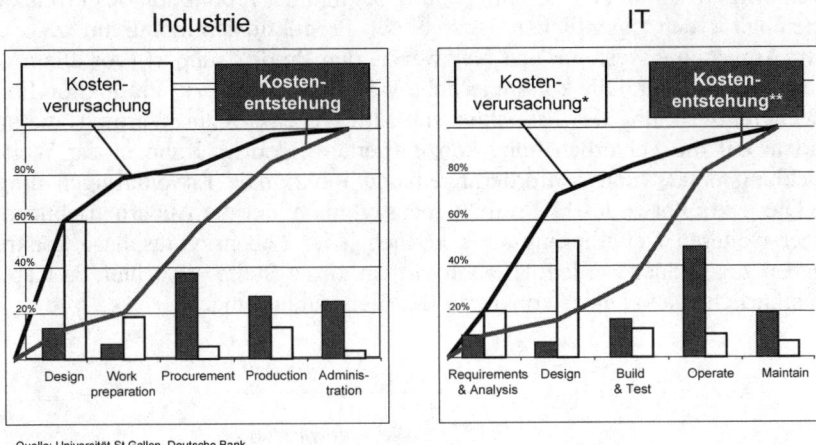

Quelle: Universität St.Gallen, Deutsche Bank
* Schätzung
** Basierend auf durchschnittlichen Projektkosten (Giga, 2001) und internen Controlling-Informationen

Abb. 22. Kostenverursachung und Kostenentstehung im Produktlebenszyklus

Dieser im Bereich der IT lange vernachlässigte Zusammenhang führte über die Jahre zu explodierenden Produktionskosten, komplexen Infrastrukturen und Qualitätsproblemen. Mit jeder neuen IT-Lösung wurden neue Systeme, Plattformen und Architekturen in die Produktion hineingetragen. Entwicklungen, wie das Internet oder E-Business, resultierten in völlig neuen Produktionsinfrastrukturen. In einem unserer Gespräche mit einem Rechenzentrumsleiter prägte dieser das Wort vom "Server-Chaos", mit dem man sich heute in der Produktion konfrontiert sieht. Es ist nicht überraschend, daß auf Grund dieser Entwicklung derzeit kostenorientierte Themen wie Plattformkonsolidierung, Standardisierung, Flexibilisierung und Virtualisierung in der IT-Produktion dominieren.

Lebenszyklen von IT-Produkten

IT-Produkte durchlaufen einen Lebenszyklus. Die durch ein Produkt verursachten Kosten und erzielbaren Erträge verändern sich, während das Produkt die Phasen seines Lebenszyklus durchläuft. Der Lebenszyklus eines IT-Produktes läßt sich in mehrere Phasen unterteilen. Diese können zum einen aus der Perspektive des

Leistungserbringers und zum anderen aus der Perspektive des Absatzmarktes heraus betrachtet werden.

Der herstellerorientierte Produktlebenszyklus orientiert sich an den typischen Lebenszyklusphasen eines Informationssystems und ist in Abb. 23 dargestellt. Er beginnt mit einer Planungs- und Erstentwicklungsphase. Die Erstentwicklung umfaßt dabei neben der eigentlichen Entwicklung auch Integrations- und Testleistungen. Mit Abschluß der Erstentwicklung beginnt die Produktion des Produktes. Sie beinhaltet den eigentlichen Betrieb der Produktionsinfrastruktur, z.B. der Server, Anwendungssysteme und Netzwerke, den Produktsupport (vor allem den Anwendersupport) und die kontinuierliche Wartung. Parallel zur Produktion findet die Weiterentwicklung des Produktes statt. Im Gegensatz zur Wartung, die sich vor allem auf die Fehlerbehebung konzentriert, werden im Rahmen der Weiterentwicklung neue Kundenanforderungen und funktionale Erweiterungen umgesetzt. Die letzte Phase des IT-Produktlebenszyklus bildet die Außerbetriebnahme. In einer weiteren Detaillierungsstufe können jeder Lebenszyklusphase konkrete Aufgaben zugeordnet werden. Hierauf wird an dieser Stelle verzichtet, da Kapitel 4.3 ausführlich anhand eines konkreten Beispiels darauf eingeht.

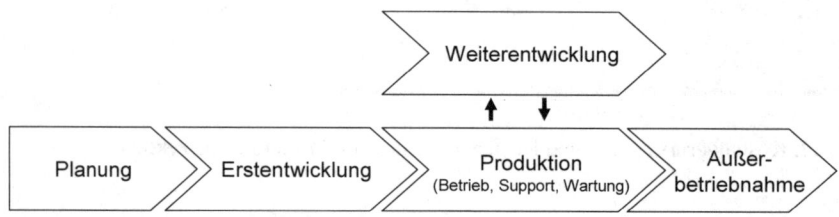

Abb. 23. IT-Produktlebenszyklus aus Sicht des IT-Leistungserbringers

Es existieren vergleichbare herstellerorientierte Lebenszyklusmodelle. Bsp. 4 stellt exemplarisch den von Gartner Research entwickelten „Business Application Life Cycle" vor.

Bsp. 4. Business Application Life Cycle von Gartner Research [Zrimsek/ Eisenfeld/Nelson 2003]

Die Einführung neuer IT-Anwendungen wird in der Praxis oft als einmaliges Projekt betrachtet, das mit der Inbetriebnahme der Anwendung abgeschlossen ist. Der von Gartner Research entwickelte Business Application Life Cycle soll helfen, diese projektorientierte Sichtweise durch eine Lebenszyklus-Betrachung zu ersetzen. Der Business Applica-

tion Life Cycle bezieht sich dabei vor allem auf den Lebenszyklus einge-
kaufter Software-Applikationen.

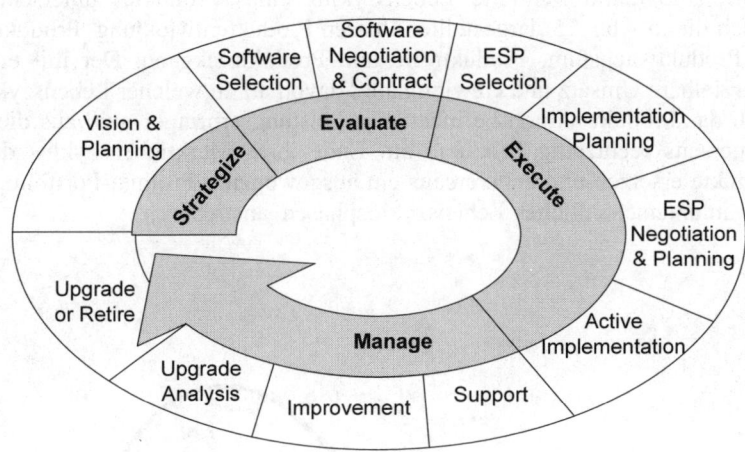

Abb. 24. Business Application Life Cycle

Der Business Application Life Cycle setzt sich aus den in Abb. 24 dargestellten vier Kernphasen "Strategize", "Evaluate", "Execute" und
"Manage" zusammen. Jede Phase beinhaltet wiederum konkrete Aufgaben.

Ziel der *Strategize-Phase* ist die Planung bevorstehender Geschäfts- und
Technologie-Initiativen. Das Ergebnis der *Evaluate-Phase* ist die Akqui-
sition einer IT-Anwendung, welche den Anforderungen des jeweiligen
Geschäftsprozesses gerecht wird. Da der Fokus des Modells auf eingekauften IT-Anwendungen liegt, stehen bei der Evaluierung die Auswahl
von Lieferanten, die Verhandlung und der Vertragsabschluß im Vordergrund. Die *Execute-Phase* umfaßt alle Aufgaben, die zur Implementierung der IT-Anwendung erforderlich sind. Die aufgeführten Aktivitäten
müssen nicht zwangsläufig parallel ablaufen. Alle nach der Implementierung anfallenden Aufgaben sind Teil der *Manage-Phase*. Sie umfaßt
neben Schulung, Support und Controlling auch die Erweiterung von
Funktionalitäten und Technologien sowie die Ablösung der IT-Anwendung.

Herstellungsorientierte Lebenszyklus-Betrachtungen erlauben die Entwicklung
ganzheitlicher Produktmanagementkonzepte. Mit ihrer Hilfe können jedoch nur
geringe Aussagen über die Marktchancen eines Produktes getroffen werden. Für
einen Leistungserbringer sind diese von zentraler Bedeutung, insbesondere wenn

es um die strategische Ausrichtung seines Produkt-Portfolios geht. Aus diesem Grund spielen marktorientierte Lebenszyklusmodelle auch im Bereich der IT eine wichtige Rolle.

Der traditionelle marktorientierte Lebenszyklus eines Produktes unterscheidet idealtypisch die in Abb. 25 dargestellten Phasen Produktentwicklung, Produkteinführung, Produktwachstum, Produktreife und Produktrückgang. Der mit einem Produkt erzielbare Umsatz und Gewinn hängt davon ab, in welcher Lebenszyklusphase sich das Produkt aktuell befindet. Ein Leistungserbringer muß aus diesem Grund einerseits rechtzeitig Produkte am Ende ihres Marktlebenszyklus durch neue Produkte ersetzen und andererseits ein ausgewogenes Produkt-Portfolio, mit Produkten in unterschiedlichen Lebenszyklusphasen, anstreben.

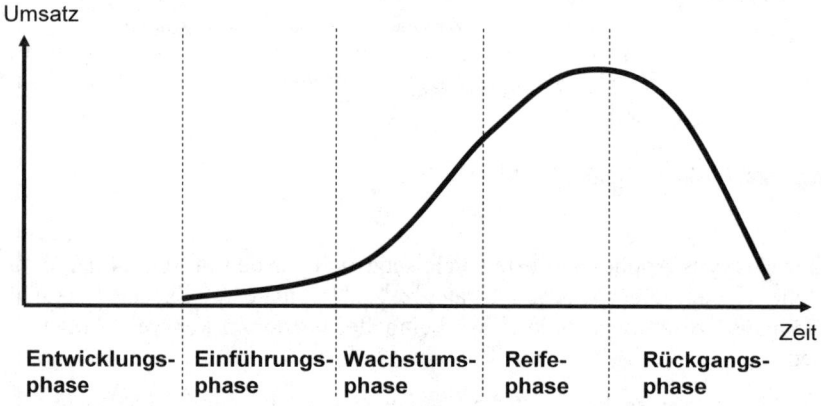

Abb. 25. Klassischer Marktorientierter Produktlebenszyklus

Jede Phase des Lebenszyklus stellt das Produktmanagement des Leistungserbringers vor unterschiedliche Herausforderungen [Matys 2002]:

- In der *Entwicklungsphase* muß zum einen das Produkt schnellstmöglich bis zur Marktreife entwickelt und zum andern die Markteinführung durch entsprechende Maßnahmen vorbereitet werden.

- In der *Einführungsphase* stehen, neben der Identifikation und Eliminierung von „Kinderkrankheiten" eines Produktes, vor allem die Etablierung des Produktes am Markt und die Erreichung des Break-Even-Punktes im Vordergrund.

- Die Konsolidierung des Produktwachstums ist das zentrale Ziel der *Wachstumsphase*. Dies kann z.B. durch die Steigerung der Produktqualität und der Produktfunktionalität geschehen.

- In der *Reifephase* gilt es, die erreichten Marktanteile des Produktes zu verteidigen, z.B. durch den Einsatz von Differenzierungsstrategien, Preissenkungen, neuen Absatzwegen oder verstärkten Maßnahmen zur Absatzförderung. Bereits in dieser Phase sollte mit der Entwicklung eines Nachfolgeproduktes begonnen werden.

- Das Hauptziel der *Rückgangsphase* liegt in der Vermeidung von Verlusten. Das Produkt muß rechtzeitig vom Markt genommen und durch einen Nachfolger ersetzt werden.

Unabhängig davon, ob eine herstellungs- oder marktorientierte Lebenszyklus-Perspektive eingenommen wird, hat eine lebenszyklusorientierte Betrachtung unmittelbare Konsequenzen für das Informationsmanagement. Beispielhaft seien nur drei Konsequenzen genannt:

- *Bereits im Rahmen des Portfolio-Managements müssen die zu erwartenden Lebenszyklus-Kosten eines IT-Produktes berücksichtigt werden* und in die Produktbewertung und -priorisierung einfließen. In der Praxis werden heute Entscheidungen bezüglich des IT-Portfolios meist primär auf der Basis der IT-Entwicklungskosten getroffen.

- *Unterschiedliche Entwicklungsalternativen für ein IT-Produkt müssen hinsichtlich ihrer Auswirkungen auf den gesamten Produkt-Lebenszyklus analysiert werden.* Insbesondere die Konsequenzen für die zukünftige Produktion sind dabei zu berücksichtigen. So haben Entscheidungen in der Entwicklungsphase, beispielsweise die Wahl einer bestimmten Systemplattform oder Anwendungsarchitektur, großen Einfluß auf die spätere Produktion. Entwickler müssen sich dessen bewußt sein und im Idealfall über ein Regelwerk verfügen, welches ihnen die Auswirkungen bestimmter Entscheidungen auf den Lebenszyklus verdeutlicht.

- *Das Controlling der IT-Produkte muß auf Basis der Lebenszyklus-Kosten geschehen.* Nur so können beispielsweise betriebswirtschaftlich sinnvolle Entscheidungen über den Zeitpunkt der Außerbetriebnahme einer IT-Lösung getroffen oder gesamthafte Kosten-/Nutzen-Analysen durchgeführt werden.

Ein besonderes Augenmerk ist im Bereich der IT auf die meist starke Verzahnung der einzelnen IT-Produkte zu richten. Zwischen den Produkten besteht eine Vielzahl von Abhängigkeiten und Schnittstellen, die im Rahmen des Lebenszyklus-Managements zu berücksichtigen sind. So kann beispielsweise ein IT-Produkt, das das Ende seines Lebenszyklus erreicht hat, unter Umständen nicht eingestellt bzw. außer Betrieb genommen werden, da die für das Produkt eingesetzten Anwendungssysteme für die Herstellung weiterer Produkte benötigt werden.

Product Data Management (PDM)

Präzise und zuverlässige Informationen über ein Produkt in jeder Phase seines Lebenszykluses sind Voraussetzung für ein Lebenszyklus-Management. Die Aufgabe des Product Data Management ist es, diese Informationen zu erfassen, zu verwalten und bereitzustellen. Ursprünglich faßte man in der Industrie unter dem Begriff PDM in den 1980er Jahren Werkzeuge zusammen, mit Hilfe derer CAD-Dateien und Zeichnungen verwaltet werden konnten. Seitdem wurde das PDM sukzessive ausgebaut und bildet heute die Grundlage für ein unternehmensweites Management des Produkt-Lebenszyklus. Beginnend mit der Planungsphase eines Produktes werden im Rahmen des PDM sämtliche produktrelevanten Informationen gesammelt. Neben elektronischen Dokumenten, wie Zeichnungen, Dokumentationen oder Marketingplänen, zählen hierzu auch Informationen über das Produkt selbst, z.B. die Produktstruktur, die Produktteile oder die benötigten Materialen, Informationen über den aktuellen Produktstatus und Workflow-bezogene Informationen, wie z.B. Daten aus dem Projektmanagement.

Die innerhalb des PDM gesammelten Informationen lassen sich auf unterschiedlichen Aggregationsstufen betrachten. Beispielsweise dienen hochgradig konsolidierte Informationen über ein Produkt dem Management als eine wichtige Entscheidungsgrundlage. Produktentwickler benötigen dahingegen eher Detailinformationen über die Produktstruktur, um ihre Aufgaben verrichten zu können. Ein Ziel des PDM ist es, Informationen nur einmal zu erfassen und für unterschiedliche Systeme nutzbar zu machen, z.B. für eine Entwicklungsumgebung oder ein Textverarbeitungssystem.

Die Einführung fortschrittlicher PDM Werkzeuge führte in der Industrie zu einer deutlichen Verkürzung der Zugriffszeiten auf Informationen und einer verringerten Redundanz. Um diese Nutzeneffekte auch im Bereich der IT zu erzielen, ist die Einführung und Nutzung des PDM als ein Instrument des Informationsmanagements erforderlich. Dabei kann zum Teil auf bestehende Informationsquellen zurückgegriffen werden, die etwa im Rahmen des Asset Managements oder des Configuration Managements existieren. Allerdings reichen die darin erfaßten Informationen für das PDM meist nicht aus, wie die Abb. 26 zeigt.

Im Rahmen des Asset Managements werden die IT-bezogenen Anlagegüter eines Unternehmens inventarisiert. Hierzu zählen beispielsweise Elemente der Hardwareinfrastruktur, wie Server, Arbeitsplatzssysteme, Drucker, Router oder Verkabelungen, Softwareelemente, wie Anwendungssysteme oder Softwarelizenzen, und Dokumentationen. Neben grundlegenden Informationen über die Elemente können auch finanzielle Werte, wie z.B. aktuelle Abschreibungsdaten, erfaßt werden.

Die innerhalb des Asset Managements erfaßten Bestandsinformationen geben keine Auskunft über die Beziehungen und Abhängigkeiten zwischen den einzelnen Elementen. In der Praxis sind aber gerade diese Informationen von besonderer Bedeutung. Wird beispielsweise eine Netzwerkkomponente ausgetauscht oder ein neues Release einer Software eingeführt, so müssen die Auswirkungen dieser Veränderungen frühzeitig abgeschätzt werden können. Und auch ein Support-Mitarbeiter sollte Abhängigkeiten zwischen einzelnen Infrastruktur-Elementen erkennen können, etwa um die Auswirkungen und Ursachen eines Fehlers zu analysieren. Die Verwaltung der Beziehungen zwischen den im Rahmen des Asset

Managements erfaßten Informationen wird üblicherweise als Configuration Management bezeichnet. Bsp. 5 zeigt anhand der IT Infrastructure Library (ITIL, siehe Kapitel 2.6), wie ein derartiges Configuration Management konkret ausgestaltet werden kann.

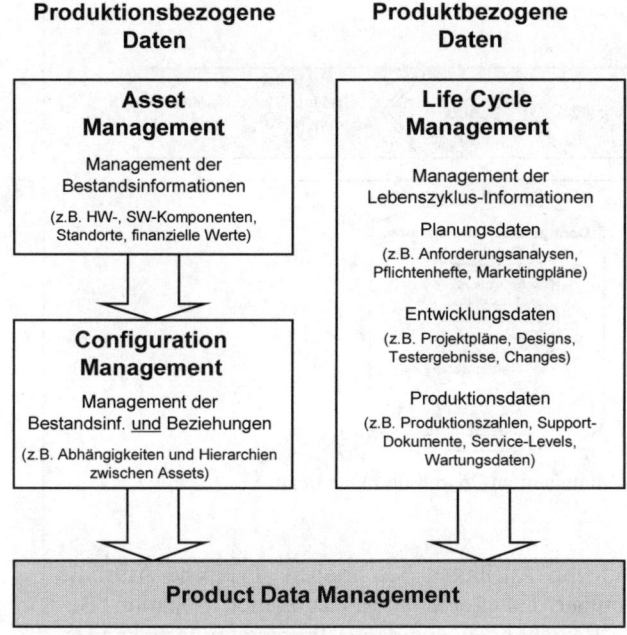

Abb. 26. Product Data Management in der IT

Bsp. 5. Configuration Management auf Basis der ITIL [OGC 2000]

Im Rahmen von ITIL ist das Configuration Management für die Bereitstellung eines logischen Modells der gesamten Infrastruktur und aller Services verantwortlich. Es bildet die Basis für die übrigen in ITIL definierten Support-Prozesse, das Incident Management, Problem Management, Change Management und Release Management.

Grundlage des Configuration Managements bildet eine Configuration Management Database (CMDB). Die in der CMDB erfaßten Informationen werden in Form von Configuration Items (CI) gespeichert. Typische CIs sind Hardwarekomponenten, Systemsoftware, Anwendungssysteme, Standardsoftware, Datenbanken, Plattformen, Software Releases, Change Dokumentationen, Netzwerkkomponenten oder Service Management Komponenten, wie Kapazitätspläne, Incidents oder Request for Changes.

Die Detaillierungsstufe, auf der ein CI definiert wird, muß von jedem Unternehmen individuell bestimmt werden. Neben der CMDB schlägt ITIL die Einrichtung einer Definite Software Library (DSL) vor, in der alle offiziellen Software CIs physikalisch verwahrt werden, z.B. die Originalkopien sämtlicher im Unternehmen eingesetzten Software.

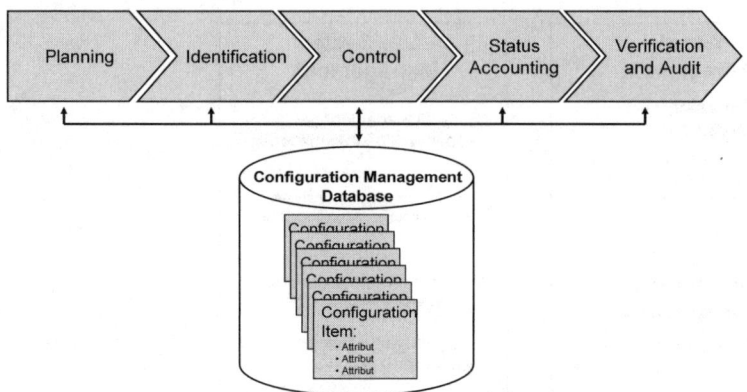

Abb. 27. Configuration Management Prozeß und Datenbank

Jedes CI wird anhand von Attributen beschrieben. Typische Attribute sind Name, Seriennummer, Kategorie, Versionsnummer, Lokation, Besitzer, Lizenz, Status, Beziehungen, Incidents, Problems oder Changes. Für den Aufbau einer CMDB und die Verwaltung der CIs steht mittlerweile eine Reihe professioneller Software-Lösungen zur Verfügung.

ITIL schlägt fünf Basisaktivitäten innerhalb des Configuration Management vor:

- *Planning*: Definition von Zielen, Umfang, Regeln, Richtlinien und Prozeduren des Configuration Managements.

- *Identification*: Auswahl und Identifikation der Konfigurationsstruktur aller CIs.

- *Control*: Sicherstellung der Korrektheit der CIs; nur autorisierte und identifizierbare CIs dürfen in die CMDB aufgenommen werden.

- *Status Accounting*: Bereitstellung von Informationen über aktuelle und historische Daten eines jeden CIs über dessen gesamten Lebenszyklus hinweg.

- *Verification and Audit*: Durchführung von Kontrollen und Audits, im Rahmen derer die physische Existenz aller CIs und deren korrekte Erfassung in der CMDB geprüft werden.

Sollen im Rahmen des Configuration Managements auch Informationen über IT-Produkte verwaltet werden, so müssen Beziehungen zwischen geschäftlich und technisch orientierten Informationen abgebildet werden. Neben den eigentlichen Produktinformationen sind dabei vor allem auch Informationen zur Produktstruktur, d.h. den einzelnen IT-Leistungen, aus denen sich das Produkt zusammensetzt, und der zur Herstellung der Leistungen erforderlichen Infrastruktur von Bedeutung. Abb. 28 zeigt beispielhaft die im Rahmen des Configuration Managements zu erfassenden Produktinformationen.

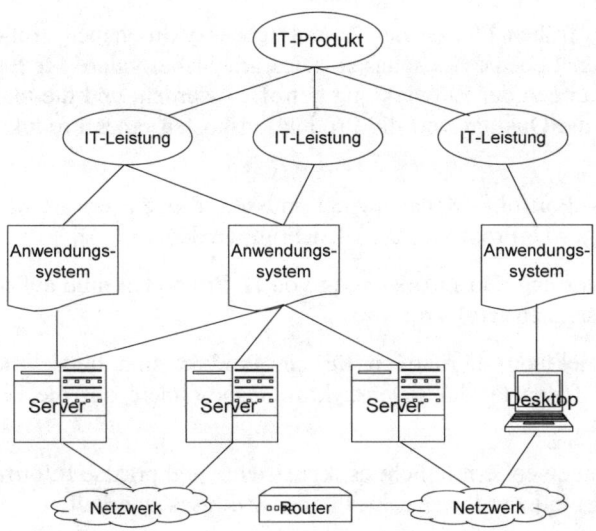

Abb. 28. Produktinformationen im Rahmen des Configuration Managements

PDM geht über das Configuration Management hinaus und erfordert die Erfassung produktbezogener, lebenszyklusorientierter Informationen. Hierzu zählen alle in den einzelnen Lebenszyklusphasen eines Produktes relevanten Informationen.

In der Planungsphase eines Produktes werden beispielsweise Anforderungsanalysen durchgeführt, funktionale Produktspezifikationen erstellt oder Business-Cases errechnet. Im Falle einer Eigenentwicklung der für das Produkt benötigten IT-Leistungen entsteht eine Vielzahl entwicklungsbezogener Informationen, z.B. Leistungsdesigns, Leistungsversionen, Quellcode-Dokumentationen oder Testergebnisse. Auch Informationen aus dem Projektmanagement sollten im Rahmen des PDM erfaßt werden, z.B. Projektpläne, eingesetzte Ressourcen und finanzielle Informationen. Werden für die Entwicklung einer IT-Leistung Fremdleistungen eingekauft, so sind die Informationen aus dem Einkaufsprozeß zu erfassen. Hierzu zählen beispielsweise eingeholte Angebote, Verträge oder Garantiebedingungen. Auch innerhalb der Produktionsphase fällt eine Vielzahl von Informationen an. Genannt seien an dieser Stelle exemplarisch Service-Level-Vereinbarungen, Support- und Wartungsverträge oder eine Fehlerhistorie.

2.5.3 Kernaussagen und Empfehlungen

- Das Portfolio-Management muß lebenszyklusorientiert erfolgen.

- Jedes IT-Produkt durchläuft einen Lebenszyklus, der aktiv zu gestalten ist.

- Entscheidungen in den frühen Phasen des Produktlebenszyklus haben großen Einfluß auf die späteren Lebenszyklusphasen. Dies gilt insbesondere für Entscheidungen, die im Rahmen der Entwicklung getroffen werden, und die maßgeblichen Einfluß auf die Qualität und die Produktionskosten eines Produktes haben.

- Bereits innerhalb des Portfolio-Managements müssen die zu erwartenden Lebenszykluskosten eines IT-Produktes berücksichtigt werden.

- Die kostenmäßige Bewertung und Priorisierung von IT-Produkten muß auf der Basis der Lebenszykluskosten erfolgen.

- Unterschiedliche Entwicklungsalternativen für ein Produkt sind hinsichtlich ihrer Auswirkungen auf den Produktlebenszyklus, insbesondere auf die Produktion, zu analysieren.

- Ein Product Data Management ermöglicht es, konsistente und präzise Informationen zu einem Produkt in jeder Phase seines Lebenszykluses zu erhalten.

- Product Data Management kann auf existierende Datenbestände innerhalb des Asset Managements und Configuration Managements aufbauen und diese um produktbezogene Daten erweitern.

2.6 Standardprozesse für das Informationsmanagement

2.6.1 Einordnung

Aufbauend auf den Erfahrungen in anderen Unternehmensbereichen beginnt sich auch innerhalb des Informationsmanagements schrittweise die Erkenntnis durchzusetzen, daß der Einsatz von Standardprozessen ein geeignetes Mittel zur Prozeßoptimierung und Kostensenkung darstellt. Ausgehend von operativen Prozessen, beispielsweise im Rechenzentrumsbetrieb oder der Softwareentwicklung, die bereits heute vielfach Werkzeug-gestützt und standardisiert ablaufen, werden die Informationsmanagementprozesse sukzessive einer Analyse hinsichtlich ihrer Standardisierbarkeit unterzogen. In diesem Kapitel stellen wir mit ITIL und COBIT zwei in der Praxis verbreitete Modelle vor, die zur Gestaltung standardisierter Managementprozesse im Bereich der IT genutzt werden können.

2.6.2 Referenzmodelle

In vielen Unternehmensbereichen haben sich, nicht zuletzt durch den Einsatz von Standardsoftwarelösungen wie SAP R/3, weitgehend standardisierte Geschäftsprozesse etabliert. So sind beispielsweise Finanz-, Controlling-, Personal- und Einkaufsprozesse heute in den meisten Unternehmen nahezu identisch gestaltet. Für den IT-Bereich gilt dies nur eingeschränkt. Zum einen ist das Prozeßdenken häufig noch nicht sehr verbreitet. Statt dessen sind IT-Bereiche von ihrer Arbeitsweise her stark funktional orientiert. Die Kommunikation zwischen den funktionalen Einheiten gestaltet sich schwierig, und dies obwohl die Erstellung kundenorientierter Produkte eine funktionsübergreifende Zusammenarbeit zwingend erfordert. Zum anderen existiert die nach wie vor weit verbreitete Auffassung, daß Prozesse des Informationsmanagements nicht standardisiert werden sollten und könnten, da eine Vielzahl unternehmensindividueller Besonderheiten zu berücksichtigen seien und durch eine Standardisierung strategische Wettbewerbsvorteile aufgegeben würden. Aus diesem Grund sind trotz verfügbarer Referenzmodelle die Prozesse zur Planung, Entwicklung und Produktion von Informationssystemen heute meist individuell gestaltet und nur zu einem geringen Grad standardisiert.

Die Vorteile einer Prozeßstandardisierung werden im Bereich der IT nicht genutzt. Eine transparente und dokumentierte Übersicht der Prozesse des Informationsmanagements und ihrer Beziehungen zueinander ist nur ansatzweise vorhanden; dies erschwert eine gezielte, strukturierte Anpassung an geänderte Bedingungen. Auch ein unternehmensübergreifendes Benchmarking wird erschwert.

Es existieren mehrere Referenzmodelle und Best Practices, die für die Gestaltung von Informationsmanagementprozessen genutzt werden können. Von Bedeutung sind heute vor allem serviceorientierte Ansätze.

Serviceorientierte Modelle greifen den oben eingeführten Produktgedanken auf und liefern Hinweise dafür, welche Managementprozesse für eine effiziente Entwicklung und Bereitstellung kundengerechter IT-Produkte erforderlich sind. Eine Übersicht aktueller serviceorientierter Modelle gibt die Abb. 29. Im folgenden werden mit ITIL und COBIT zwei in der Praxis besonders relevante Modelle näher vorgestellt.

Modell	Entwickler	Kurzbeschreibung
Public Domain		
ITIL	OGC	De-facto Standard für serviceorientiertes IT-Management
COBIT	ISACA	Standard zur Prüfung und Kontrolle des IT-Management
MNM Service Model	Universität München	Generisches Modell zur Definition von servicebezogenen Ausdrücken, Konzepten und Strukturierungsregelungen
IT Service CMM	Vrije Universiteit	Maturity Modell für IT Service Management
Managerial Step-by-Step Plan (MSP)	Delft University of Technology	Schrittweiser Plan zur Gestaltung des IT-Managements
Non Public Domain		
ASL	Pink Roccade	Referenzmodell für Applikationsmanagement
BIOOlogic	HIT	Objektorientiertes Modell für das IT-Management
HP IT Service Reference Model	HP	Auf ITIL basierendes Prozessmodell für IT-Management
IPW	Quint Wellington Redwood	Erstes ITIL-basiertes Prozessmodell für IT-Service-Management
Integrated Service Management (ISM)	KPN & BHVB	Ansatz zur Gestaltung des IT-Management im Sinne eines Systemintegrators
IBM IT Process Model	IBM	Auf ITIL basierendes Prozessmodell für IT-Management
Perform	Cap Gemini Ernst & Young	ITIL-basierter Management-Standard für die Lieferung von Geschäftsinformationen
Microsoft Operations Framework (MOF)	Microsoft	ITIL-basierendes und auf Microsoft-Umgebungen fokussiertes Prozessmodell für IT-Management
Standard Integrated Management Approach (SIMA)	Interprom	Ansatz zur Gestaltung von Management- und Sicherheitsaspekten für offene, multi-vendor IT-Infrastrukturen

Abb. 29. Übersicht serviceorientierter Referenzmodelle

IT Infrastructure Library (ITIL)

Mitte der 1980er Jahre wurde die Effizienz und Effektivität der gelieferten IT-Leistungen in englischen Behörden seitens der Regierung angezweifelt, so daß eine Initiative zur Dokumentation und Vereinheitlichung der Prozesse zur IT-Leistungserstellung gestartet wurde. Auf dieser Grundlage entwickelt seitdem die Central Computer and Telecommunications Agency (CCTA) der britischen Regierung (mittlerweile Bestandteil des Office of Government Commerce) in Zusammenarbeit mit IT-Spezialisten, Rechenzentrumsbetreibern und Beratern eine prozeßorientierte Sammlung von Best Practices für die Planung, Überwachung und Steuerung von IT-Leistungen. Im Mittelpunkt der ITIL steht die konsequente Serviceorientierung von IT-Dienstleistern. IT-Leistungen müssen ausgehend von den Kundenanforderungen definiert und die internen Prozesse des IT-Dienstleisters danach ausgerichtet werden. ITIL wird kontinuierlich durch Vertreter aus der Praxis, insbesondere durch Anwender, Hersteller und Berater, weiterentwickelt und aktualisiert.

ITIL hat sich zum internationalen de-facto Standard für IT-Dienstleister entwickelt und enthält eine herstellerunabhängige Sammlung von Best Practices für die Gestaltung der Managementprozesse eines IT-Leistungserbringers.

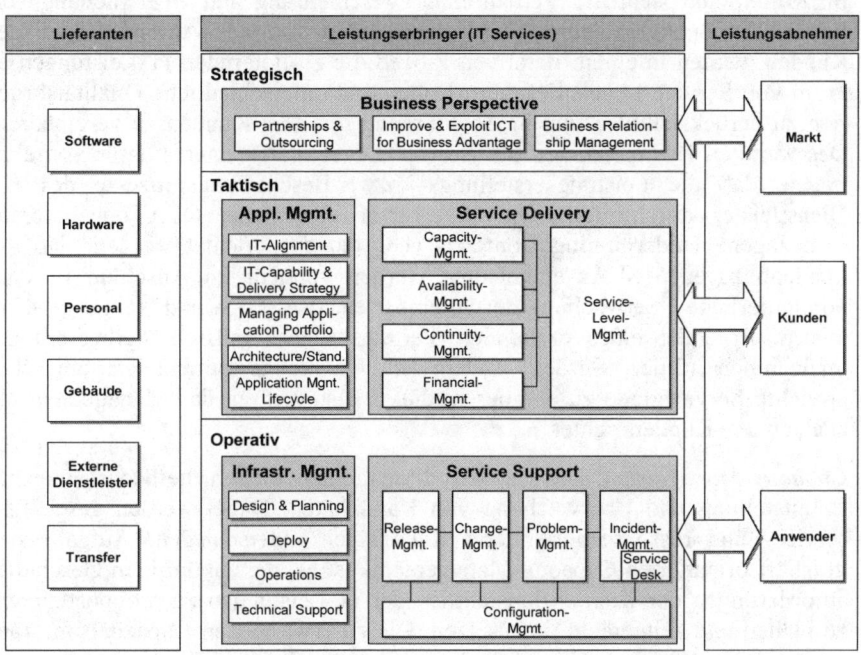

Abb. 30. Module der IT Infrastructure Library (ITIL)

Es bildet die Grundlage für das international tätige IT-Service-Management-Forum (ITSMF) mit derzeit über 2.000 Partnerunternehmen. ITIL besteht im Kern aus den fünf in Abb. 30 dargestellten Modulen: Das Modul „Business Perspective" umfaßt die strategischen Elemente des IT-Service-Managements, wie IT-Alignment oder Relationship Management. „Service Delivery" beschäftigt sich mit der Planung, Überwachung und Steuerung von IT-Leistungen, während innerhalb des „Service Support" die Umsetzung der Service-Prozesse und der User-Support im Rahmen der Leistungslieferung behandelt werden. Das Management von Applikationen über den gesamten Lebenszyklus hinweg ist Betrachtungsgegenstand des „Application Management". Das „ICT Infrastructure Management" behandelt sämtliche Aspekte des Infrastruktur-Managements, von der Design- und Planungsphase über die Umsetzung bis hin zum Betrieb und technischen Support.

In der Praxis sind vor allem die Module „Service Delivery" und „Service Support" von Bedeutung. Sie bilden den eigentlichen Kern von ITIL und werden im folgenden übersichtsartig vorgestellt.

- *Service Level Management*: Das Service Level Management stellt die Schnittstelle zum Kunden dar und garantiert im Sinne eines „one-face-to-the-customer"-Ansatzes ein effizientes und effektives Kundenbeziehungsmanagement. Im Mittelpunkt steht die Verhandlung, Vereinbarung und Überwachung von Service Level Agreements (SLA). Ausgehend von den Anforderungen der Kunden werden in einem iterativen Prozeß die zu liefernden IT-Leistungen in Form von Service Levels definiert. Dabei sind unterschiedliche Qualitätskriterien zu berücksichtigen und in Abstimmung mit dem Kunden zu vereinbaren. Des weiteren ist im Rahmen des Service Level Managements dafür Sorge zu tragen, daß die Leistungserstellungs- bzw. Beschaffungsprozesse des IT-Dienstleisters durch interne Operative Level Agreements (OLA) und lieferantenbezogene Underpinning Contracts (UC) so ausgerichtet werden, daß die kundenbezogenen SLAs eingehalten werden können. Im Anschluß ist eine kontinuierliche Überwachung der vereinbarten SLA, OLA und UC zu gewährleisten. Im Falle eines drohenden Vertragsbruches müssen Verbesserungsmaßnahmen initiiert werden. Zudem ist eine stetige Berichterstattung über erreichte Servicegrade zu etablieren, die sich sowohl an das Management als auch an den Kunden richtet.

- *Capacity Management*: Das Capacity Management sichert die bedarfsgerechte Bereitstellung und Überwachung von Kapazitäten. Dabei werden geschäfts-, service- und ressourcenorientierte Kapazitäten unterschieden. Aufgabe des geschäftsorientierten Capacity Managements ist es, die zukünftigen Geschäftsanforderungen der Kunden hinsichtlich der IT-Leistungen zu prognostizieren, zu planen und zeitgerecht umzusetzen. Die zu erwartenden Kapazitätsanforderungen lassen sich aus Geschäftsplänen für neue Leistungen, Verbesserungen bestehender Leistungen oder Wachstumsplänen ableiten. Darauf aufbauend können durch die Analyse der aktuellen Auslastungsgrade kapazitätserweiternde oder -verringernde Maßnahmen getroffen werden. Für die einzelnen Leistungen muß eine kapazitätsbezogene Überwachung der vereinbarten Service Levels erfolgen, was Aufgabe des serviceorientierten Capacity Managements ist. Schließlich sind im Sinne eines ressourcenorientierten Capacity Managements auf der operativen Ebene die Auslastungsgrade der einzelnen Komponenten (z.B. Server, Netzwerke etc.) zu überwachen und auszuwerten.

- *Availability Management*: Während sich das Capacity Management mit den kapazitätsbezogenen Belangen des IT-Dienstleisters beschäftigt, ist das Availability Management zuständig für die verfügbarkeitsbezogenen Belange. Es hat dafür Sorge zu tragen, daß die IT-Infrastruktur, die IT-Leistungen und die Support-Organisation hinsichtlich der Verfügbarkeit den Kundenanforderungen gerecht werden und der IT-Dienstleister in der Lage ist, einen nachhaltigen Verfügbarkeitsgrad mit den geringstmöglichen Kosten zu garantieren. Der Verfügbarkeitsgrad wiederum ist abhängig von der Zuverlässigkeit und Wartbarkeit der IT-Infrastruktur, sowie von der Effektivität der IT-Support-Organisation. Aus den im Service Level Management definierten SLA werden die Verfügbarkeitsanforderungen an die internen Prozesse abgeleitet und, falls nötig, entsprechende Maßnahmen zur Erhöhung der Verfügbarkeit vorgeschlagen.

- *IT Service Continuity Management:* Aufgabe des IT Service Continuity Management ist es, im Falle eines Systemausfalles die Leistungen in einer vorher mit dem Kunden vereinbarten Zeit wiederherzustellen und Überbrückungsmaßnahmen bereitzustellen. Insbesondere für geschäftskritische Leistungen muß eine strikte Wiederherstellungs-Regelung vorliegen. Durch eine Business Impact Analyse werden der Einfluß eines Ausfalles auf die finanziellen Einbußen und den Ruf des Unternehmens bewertet und Voraussetzungen für die Bestimmung der minimalen Anforderungen geschaffen. Im Anschluß ist eine Risikoanalyse durchzuführen und eine Business-Continuity-Strategie abzuleiten und umzusetzen. Der Continuity-Prozeß muß durch ein operatives Controlling kontinuierlich überwacht und verbessert werden.

- *Financial Management:* Das Financial Management ist für die finanzielle Abbildung der geschäftlichen Situation des IT-Dienstleisters verantwortlich und trägt zur Schaffung von Transparenz und Effizienz bei. Die Prozesse des Financial Management entsprechen denen des unternehmerischen Rechnungswesens und umfassen die Budgetierung, das Controlling und die Leistungsverrechnung. Im Rahmen der Budgetierung werden die zur Verfügung stehenden finanziellen Mittel den einzelnen IT-Bereichen zugeteilt. Das Controlling führt eine verursachergerechte Erhebung der Kosten der Bereitstellung der IT-Leistungen durch und ermöglicht somit beispielsweise Kosten-Nutzen-Analysen. Die Art der Leistungsverrechnung hängt stark von der gewählten Organisationsform des IT-Dienstleisters ab. Hierbei kann zwischen Cost Center, Profit Center und Service Center Organisationen unterschieden werden. Entsprechend werden entweder die Kosten, die Kosten zuzüglich Gewinnmarge oder ein Marktpreis verrechnet.

- *Incident Management*: Die folgenden Prozesse sind Teil des Service Supports und beschreiben die zur operativen Umsetzung von Support-Prozessen erforderlichen Aufgaben. Hauptaufgabe des Incident Managements ist die Aufnahme, der erste Support und die Klassifizierung IT-bezogener Probleme oder Anfragen. Die direkte Schnittstelle zum Anwender bildet das Service Desk, welches Anfragen (Service Requests) und Problemmeldungen (Störungen) entgegennimmt. In einem Schritt werden diese analysiert, klassifiziert und, falls möglich, ein sofortiger Support geleistet. Zur effizienten Gestaltung dieses Prozesses ist eine „Known-Error"-Datenbank von Nutzen, in welcher alle aktuell bekannten Probleme und entsprechende Lösungsvorschläge gespeichert sind. Im Falle von neu auftretenden Störungen sind diese entsprechend der Klassifizierung an den dafür zuständigen 2nd-Level-Support weiterzuleiten. Obwohl die weitere Analyse und Problembehebung Aufgabe des Problem Managements ist, muß im Rahmen des Incident Managements die kontinuierliche Information der Anwender über den aktuellen Status des Problemlösungsprozesses sichergestellt werden.

Für viele Unternehmen stellt das Incident Management den ersten konkreten Berührungspunkt mit der ITIL dar. Im Rahmen von ITIL-Projekten wird meist mit der Einführung eines ITIL-konformen Incident Managements und Service Desks begonnen. Die Ergebnisse eines typischen Praxisprojektes in diesem Bereich beschreibt Bsp. 6.

- *Problem Management:* Das Problem Management ist für die Lösung und Behebung IT-bezogener Störungen verantwortlich. Einen wesentlichen Erfolgsfaktor stellt eine reibungslose Schnittstelle zum Incident Management dar. Das Problem Management ist verantwortlich für die Störungsanalyse und -behebung. Zu diesem Zweck steht eine Vielzahl von Methoden zur Verfügung, wie z.B. die Kepner- und Tregoe-Analyse, das Ishikawa-Diagramm oder Flowchart-Methoden. Zu den Aufgaben des Problem Managements zählt auch die proaktive Vermeidung von Störungen. Hierzu sind Trendanalysen durchzuführen, die zur Identifikation potentieller Problemen beitragen können. Des weiteren ist eine konsequente Kontrolle des Problemlösungsprozesses und eine kontinuierliche Berichterstattung erforderlich, um die Effizienz innerhalb des Problem Management Prozesses zu erhöhen. Wird im Rahmen der Problemanalyse und -diagnose ein Fehler identifiziert, ist ein Request for Change (RFC) einzureichen, welcher auf der Basis eines standardisierten Change Management Prozesses zur Umsetzung der Störungsbehebung führt.

Bsp. 6: Einführung eines ITIL-konformen Service Desk bei der T-Mobile Deutschland GmbH [Hochstein/Wetzel/Brenner 2004]

Die T-Mobile Deutschland sah sich im Bereich des IT-Supports mit einer Reihe von Herausforderungen konfrontiert. Es existierte keine zentrale Hotline-Struktur. Statt dessen besaß jeder Standort eine regionale Hotline und leistete regionalen Vor-Ort-Support. Die Support-Prozesse waren historisch gewachsen, was dazu führte, daß sie wenig standardisiert, stark systemorientiert und nicht organisationsübergreifend gestaltet waren. Eine systemgestützte Klassifizierung der Support-Anfragen fand ebenso wenig statt wie eine Unterscheidung zwischen einer Störungserfassung (Incident Management) und Störungsanalyse (Problem Management). Obwohl Kundenbefragungen ergaben, daß die Kundenzufriedenheit mit den Support Leistungen hoch war, was vor allem auf persönliche Beziehungen zwischen Support-Mitarbeitern und Kunden sowie eine unbürokratische Zusammenarbeit zurückzuführen war, fehlte es an der Transparenz bezüglich Kosten, Leistungen und Qualität und damit an Kontrollmöglichkeiten. Die Qualität des Supports war außerdem stark personenabhängig und großen Schwankungen unterworfen.

Aus diesen Gründen entschied man sich, einen ITIL-konformen, zentralen Service Desk zu schaffen, der als Single-Point-of-Contact für alle Support-Anfragen und Störungsmeldungen dienen sollte. Auch die grundlegende Unterscheidung eines Incident Managements und Problem Managements wurde aus der ITIL übernommen. Die zu erbringenden Leistungen werden seitdem über Service Level Agreements vereinbart und mit Hilfe eines Monitoring- und Reporting-Prozesses überwacht. Im Zuge der Einführung des Service Desks wurde eine neue Systemlandschaft, bestehend aus zwei ITIL-konformen Tools, implementiert (siehe Abb. 31). Auf diese Weise konnte eine weitgehend automatisierte Zusammenarbeit zwischen 1st-, 2nd- und 3rd-Level-Support sowie zwischen zentralen und dezentralen Support-Einheiten erreicht werden.

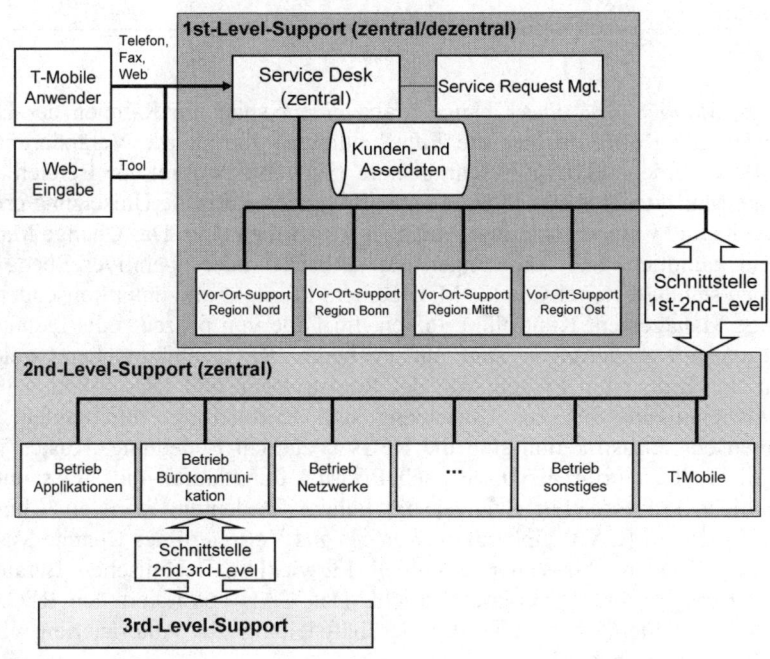

Abb. 31. Prozeß- und Systemlandschaft nach der Einführung

Als kritische Erfolgsfaktoren des Projektes haben sich eine frühzeitige, aktive Einbindung der Kunden des Service Desks, eine offene, partnerschaftliche Zusammenarbeit, eine aktive Kommunikation, eine gesamthafte Betrachtung der ITIL-Prozesse und ein straffes Projektmanagement erwiesen. Es hat sich gezeigt, daß mit der neuen Struktur eine Reihe von Vorteilen erzielt werden konnten. Durch die Vereinbarung von Service Level Agreements existieren definierte Leistungen mit Qualitätskriterien und transparenten Kostenstrukturen. Marktübliche Kennzahlen, wie Erreichbarkeit des Service Desks, Erstlösungsquote oder Bearbeitungs-zeit, konnten im Rahmen des Monitoring-Prozesses detailliert gemessen werden. Die Zentralisierung führte zu einem einheitlichen Prozeß- und Qualitätsstandard. Der Informationsfluß Richtung Kunde konnte deutlich verbessert werden. Und nicht zuletzt war eine Effizienzsteigerung fest-stellbar, vor allem auf Grund der Zentralisierung von Aufgaben. Dies geschah jedoch zumindest teilweise auf Kosten der individuellen Kun-denbetreuung. So äußerten Teile der Kunden ihre Unzufriedenheit über die nun unpersönlichere Gestaltung des zentralen 1st-Level-Supports, was subjektiv als Qualitätsminderung wahrgenommen wurde.

Eine detaillierte Beschreibung des Projektes und der Projektergebnisse findet sich in [Hochstein/Wetzel/Brenner 2004] oder [Zarnekow/Hoch-stein/Brenner 2005].

- *Change Management:* Das Change Management spielt im Rahmen der ITIL eine zentrale Rolle, da hier die Entscheidungen für interne Veränderungen getroffen werden. ITIL gibt sehr genaue Hinweise, worauf im Bereich des Change Managements zu achten ist, wie die organisatorische Umsetzung erfol-gen sollte und welche konkreten Aufgaben zu erfüllen sind. Das Change Mana-gement garantiert, daß Änderungen auf taktischer oder operativer Ebene im Rahmen standardisierter Change Management Prozesse und unter konsequenter Change Management Kontrolle erfolgen. Im Falle von prozeß- oder technolo-giebezogenen Änderungen sind entsprechende RFCs einzureichen, welche einen standardisierten Prozeß, von der Registrierung und Klassifikation über die Genehmigung bis zur Umsetzung und Evaluierung, durchlaufen. Im Rahmen der Klassifikation sind die RFCs bezüglich Bedeutung, Kosten und Dringlichkeit zu priorisieren. Je nach Priorität durchlaufen die RFCs unter-schiedliche Prozesse. Für Changes mit höherer Bedeutung wird ein Change Advisory Board (CAB) einberufen, welches aus Vertretern des Change Mana-gements, Kunden, Anwender, eventuell Entwicklern, technischen Beratern, Servicepersonal und Lieferanten besteht. Das CAB autorisiert den RFC. In besonderen Fällen kann sogar die Geschäftsleitung zur Autorisierung eines RFC herangezogen werden.

- *Release Management:* Aufgabe des Release Managements ist die Sicherstel-lung eines erfolgreichen Rollout von Software- und Hardware-Releases. Zuerst ist eine Release Policy aufzustellen, in deren Rahmen die wesentlichen Rollen und Verantwortungen definiert werden. Anschließend folgt ein der Policy entsprechender Planungs-, Design- und Build-Prozeß, in welchem die wesentli-chen Komponenten des Releases geplant und entwickelt werden. Nach einem abschließenden Test erfolgt die Planung und Umsetzung des Rollout. Während des gesamten Prozesses ist darauf zu achten, daß ein Abgleich der neuen Komponenten mit der Definitive Software Library (DSL) und der Konfigurationsdatenbank (CMDB) stattfindet. In der Definitive Software Library sind sämtliche offiziellen Versionen aller Software Komponenten hinterlegt. Auf die Konfigurationsdatenbank wurde bereits im Bsp. 5 eingegangen. Im Release Management ist auf eine effektive Schnittstelle zum Change Management und Configuration Management zu achten, so daß ein systematischer, kontrollierter und dokumentierter Änderungsvorgang eingehalten werden kann.

- *Configuration Management:* Das Configuration Management dient der Kontrolle der IT-Infrastruktur und der IT-Services. Es wird ein logisches Modell der Infrastruktur und der Services bereitgestellt, indem Configuration Items (CI) identifiziert, kontrolliert, gewartet und verifiziert werden. Die konkreten Aufgaben des Configuration Management wurden bereits in Bsp. 5 beschrieben.

Möglichkeiten und Grenzen der ITIL

Die ITIL stellt IT-Dienstleistern eine Vielzahl von Best-Practices und Hinweisen zur Gestaltung standardisierter, serviceorientierter Managementprozesse zur Verfügung. Bei der Einordnung und Positionierung der ITIL in den Gesamtkontext des Informationsmanagements sollten allerdings die folgenden Punkte berücksichtigt werden:

- *Praktische Bedeutung kommt der ITIL derzeit nur im eher operativen Service Support und teilweise im Service Delivery zu.* Diese beiden Module bilden, auch historisch betrachtet, den inhaltlichen Kern der Beschreibungen. Unternehmen erhalten eine Vielzahl sehr konkreter Hinweise darauf, was bei der Umsetzung von Support- und Delivery-Prozessen zu berücksichtigen ist. Die anderen Modellbausteine Application Management, Infrastructure Management und Business Perspective bieten dahingegen nur einen geringen Mehrwert gegenüber anderen Modellen und Konzepten, da sie vor allem bekanntes Wissen in aufbereiteter Form enthalten. Sie finden in der Praxis kaum Berücksichtigung. Die ITIL sollte aus diesem Grund nicht als umfassendes Modell zur Gestaltung des Informationsmanagements betrachtet werden, sondern als eine Sammlung von Best Practices, die in ausgewählten Teilbereichen, vor allem im Service Support, wertvolle Hinweise liefern (siehe hierzu auch Kapitel 4.5).

- *Die ITIL ist kein Prozeßmodell, sondern eine Sammlung von Best Practices.* Sie bietet keine konsistente Prozeßbeschreibung. So fehlen beispielsweise vielfach Input/Output-Beschreibungen, die eine genaue Betrachtung der Beziehungen zwischen den Prozessen und die Ableitung von Workflows ermöglichen würden. Sowohl in Bezug auf die Struktur als auch auf den Detaillierungsgrad existieren zwischen den Modellbereichen starke Unterschiede. Des weiteren lassen sich Inkonsistenzen bezüglich der Angabe von Erfolgsfaktoren und Kennzahlen feststellen und auch die Granularität, in welcher die einzelnen Bereiche und Aktivitäten beschrieben werden, variiert stark.

- *Die ITIL konzentriert sich auf eine Beschreibung dessen, „was" getan werden sollte, um serviceorientierte Managementprozesse umzusetzen.* „Wie" die Umsetzung erfolgen kann, wird kaum betrachtet. Zwischenzeitlich wurde in einem zusätzlichen ITIL-Band ein Vorgehensmodell zur Implementierung des IT-Service-Managements veröffentlicht. Dieses konzentriert sich aber zum einen stark auf den Service-Support-Bereich und ist zum anderen sehr allgemein gehalten. Unternehmen, die ihre Prozesse auf der Basis der ITIL neu gestalten möchten, erhalten daher kaum konkrete Hinweise darauf, wie das notwendige Prozeß Reengineering und Change Management ablaufen sollte. An dieser Stelle können auf der ITIL basierende Prozeßmodelle kommerzieller Anbieter wertvolle Hilfestellungen leisten, da diese sich bewußt auf das Vorgehen zur Umsetzung konzentrieren.

- *Die ITIL ist ein generisches Modell und enthält keine branchen- oder unternehmensspezifischen Hinweise.* Zwar lassen sich die in der ITIL beschriebenen Best Practices auf Grund der generischen Beschreibung an unterschiedlichste Anwendungsbereiche anpassen, allerdings muß diese Anpassung durch das jeweilige Unternehmen selbst geleistet werden. Branchenspezifische Besonderheiten finden in der ITIL ebenso wenig eine Berücksichtigung wie spezielle Hinweise für kleine, mittlere oder große Unternehmen.

Control Objectives for Information and Related Technology (COBIT)

Das Referenzmodell COBIT definiert 34 kritische IT-Prozesse und konzentriert sich vor allem auf die Beschreibung von Kontrollzielen für diese Prozesse.

COBIT liefert einen Rahmen für die Gestaltung der IT-Governance in einem Unternehmen.

COBIT wird seit 1993 von der ISACA (Information Systems Audit and Control Association) bzw. dem IT Governance Institute entwickelt und liegt mittlerweile in einer dritten Version vor [ISACA 2004]. Es berücksichtigt eine Vielzahl nationaler und internationaler Standards aus den Bereichen Qualität, Sicherheit, Qualifizierung und Ordnungsmäßigkeit. In der aktuellen Version beschreibt COBIT 34 zentrale IT-Prozesse, unterteilt in 4 Domänen (siehe Abb. 32). Für jeden Prozeß werden einerseits Geschäftsziele, die durch den Prozeß unterstützt werden sollen, und andererseits zwischen 3 und 30 Kontrollziele, mit deren Hilfe im Sinne einer Best-Practice-Betrachtung die Erfüllung der Geschäftsziele überwacht werden können, definiert.

Obwohl COBIT keinen Standard im Bereich des Informationsmanagements darstellt, ist es in der Praxis relativ weit verbreitet. Dafür sorgt nicht zuletzt die zunehmende Bedeutung von Initiativen im Bereich der Corporate Governance, beispielsweise in Zusammenhang mit der Umsetzung des Sarbanes-Oxley-Act. COBIT stellt ein geeignetes Referenzmodell dar, um derartige Initiativen im Bereich der IT umzusetzen. Die für die Weiterentwicklung zuständige ISACA achtet darauf, daß das Modell konform zur ITIL ist. Dementsprechend wird

COBIT in der Praxis häufig in Kombination mit der ITIL eingesetzt. Konkret bedeutet dies, daß mit Hilfe von COBIT die auf der Basis der ITIL umgesetzten Prozesse kontrolliert und geprüft werden.

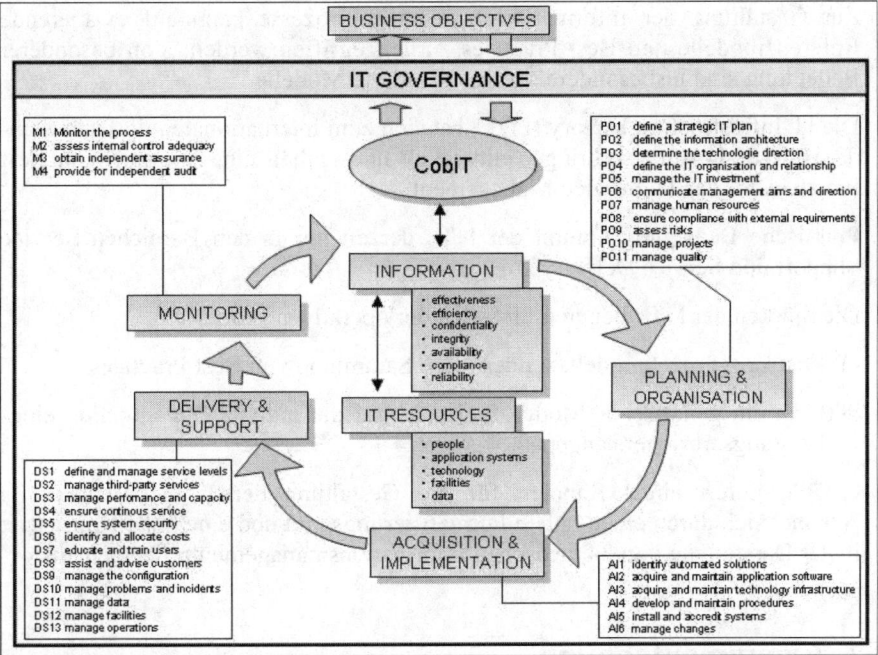

Abb. 32. COBIT Referenzmodell

COBIT zeichnet sich durch eine hohe Konsistenz bezüglich der Darstellung der einzelnen Prozesse aus. Zieldefinitionen, Erfolgsfaktoren, Effizienz- und Effektivitätskriterien sind durchgängig für jeden Prozeß formuliert. Der Detaillierungsgrad bewegt sich bei der Prozeßbetrachtung auf einem konstant hohen Niveau. Leider werden weder Input-/Output-Betrachtungen der Prozesse vorgenommen, noch konkrete Managementinstrumente aufgeführt, so daß eine genaue Betrachtung der Prozeßbeziehungen nicht möglich ist und Ansätze zur Umsetzung der Aktivitäten innerhalb der einzelnen Prozesse unklar bleiben. Auch Verantwortlichkeiten und Zuständigkeiten sind auf Grund lediglich ansatzweise vorhandener Rollendefinitionen nicht eindeutig ableitbar. Für die praktische Umsetzung des COBIT-Modells ist neben einem eigenen Implementierungs-Tool-Set ein Reifegrad-Modell vorhanden, welches es Organisationen erlaubt, jeden Prozeß einem Reifegrad zuzuordnen und geeignete Maßnahmen zur Erreichung eines höheren Reifegrades zu identifizieren. Trotz des hohen Detaillierungsgrades bleibt COBIT ein generisches Modell, das unterschiedlichen Ausgangslagen angepaßt werden kann.

2.6.3 Kernaussagen und Empfehlungen

- Zur Gestaltung der Informationsmanagementprozesse kann auf existierende Referenzmodelle und Best Practices zurückgegriffen werden. Von besonderer Bedeutung sind insbesondere serviceorientierte Modelle.

- Die IT Infrastructure Library (ITIL) hat sich zum internationalen de-facto Standard für IT-Leistungserbringer entwickelt und enthält eine Vielzahl von Best Practices für das IT-Service-Management.

- Praktische Bedeutung kommt der ITIL derzeit nur in den Bereichen Service Support und Service Delivery zu.

- Die Stärken der ITIL liegen im Bereich der operativen Prozesse.

- ITIL ist kein Prozeßmodell, sondern eine Sammlung von Best Practices.

- ITIL ist ein generisches Modell und muß auf die individuelle Situation eines IT-Leistungserbringers angepaßt werden.

- COBIT liefert einen Rahmen für die Gestaltung der IT-Governance. Es zeichnet sich durch einen hohen Formalisierungsgrad und eine hohe Konsistenz in der Darstellung von 34 kritischen Informationsmanagementprozessen aus.

2.7 Zusammenfassung

Die in diesem Kapitel beschriebenen Entwicklungen und Herausforderungen ermöglichen es, die zentralen Bausteine für ein zukunftsorientiertes Informationsmanagement zu identifizieren. Zusammenfassend lassen sich diese Bausteine wie folgt charakterisieren:

- Zwischen IT-Leistungserbringern und IT-Leistungsabnehmern muß eine klare Schnittstelle, basierend auf Marktmechanismen, existieren. Das Portfolio-Management übernimmt die zentrale Aufgabe, das Angebot des IT-Leistungserbringers auf die Nachfrage des IT-Leistungsabnehmers abzustimmen.

- IT-Produkte müssen die Grundlage der Beziehung zwischen IT-Leistungserbringern und Leistungsabnehmern bilden. Ein IT-Produkt muß einen Geschäftsprozeß oder ein Geschäftsprodukt des Leistungsabnehmers unterstützen und dort einen Nutzen erzeugen. IT-Produkte setzen sich aus einer Vielzahl einzelner IT-Leistungen zusammen.

- Der Prozeß der IT-Leistungserstellung ist analog zu einem industriellen Fertigungsprozeß zu gestalten. Er besteht aus den drei Hauptaktivitäten Portfolio-

Management, Entwicklung und Produktion. Aus dem breiten Erfahrungsschatz der industriellen Fertigung lassen sich für die IT-Leistungserstellung vor allem Konzepte der integrierten Leistungserstellung, der Produktionsplanung und -steuerung, der Kosten- und Leistungsrechnung, des Qualitätsmanagements und der Programmplanung nutzen.

- Die für das Management der IT-Leistungserstellung eingesetzten Methoden und Instrumente müssen integriert, d.h. outputorientiert, durchgängig und bidirektional, sein. Die Integration ist sowohl horizontal, d.h. konzentriert auf die Schnittstellen zwischen Portfolio-Management, Entwicklung und Produktion, als auch vertikal, d.h. bezogen auf die strategische, planerische und operative Handlungsebene, zu vollziehen.

- Das Portfolio-Management muß lebenszyklusorientiert gestaltet werden. IT-Produkte sind aktiv über ihren Lebenszyklus hinweg zu steuern. Insbesondere den Abhängigkeiten zwischen Entwicklung und Produktion ist ein besonderes Augenmerk zu widmen. Entscheidungen in der Entwicklungsphase eines IT-Produktes haben maßgeblichen Einfluß auf die spätere Produktion, vor allem auch auf die Produktionskosten.

- Für die Gestaltung der Informationsmanagementprozesse sollte auf existierende Referenzmodelle, wie ITIL oder COBIT, zurückgegriffen werden.

Das im folgenden Kapitel vorgestellte Modell eines integrierten Informationsmanagements greift diese Bausteine auf und zeigt, wie sie zu einem umfassenden Managementmodell für IT-Leistungserbringer zusammengefügt werden können.

3 Integriertes Informationsmanagement

3.1 Modellüberblick: Vom Plan-Build-Run zum Source-Make-Deliver

Die etablierten Konzepte und Modelle des Informationsmanagements eignen sich nur noch bedingt zur Lösung der im vorigen Abschnitt beschriebenen Herausforderungen. Dies gilt insbesondere für den Plan-Build-Run Ansatz, der seit vielen Jahren als Grundlage für die aufbau- und ablauforganisatorische Gestaltung des Informationsmanagements in der Praxis dient. Das starre Festhalten am Plan-Build-Run ist aus unserer Sicht eine der Hauptursachen für die Effektivitäts- und Effizienzprobleme in vielen IT-Bereichen. Denn es betont eine Vorgehensweise, die das IT Geschehen eines Unternehmens in eine permanente Folge von Projekten zur Änderung der IT-Dienstleistungen zerlegt. Dies hat zur Folge, daß Kosten und Qualität des aktuellen Leistungs-Portfolios zuwenig Aufmerksamkeit erhalten.

Das im folgenden vorgestellte Modell eines integrierten Informationsmanagements (IIM-Modell) stellt eine Antwort auf die im vorigen Kapitel beschriebenen Herausforderungen dar. Es beschreibt die zentralen Managementprozesse eines IT-Leistungserbringers, die zur Herstellung und Nutzung von IT-Produkten erforderlich sind. Darüber hinaus wird auch die Schnittstelle zum IT-Leistungsabnehmer und dort insbesondere dessen Prozesse zum Einkauf von IT-Produkten betrachtet.

Das IIM-Modell basiert auf den folgenden Grundannahmen, die sich an den im vorangegangenen Kapitel identifizierten Bausteinen orientieren.

- Zwischen Leistungerbringer und Leistungsabnehmer existiert eine Kunden-Lieferanten-Beziehung, die über einen unternehmensinternen oder externen Markt abgewickelt wird.

- Grundlage des Leistungsaustausches bilden IT-Produkte.

- Die IT-Leistungserbringung wird als integrierter Fertigungsprozeß betrachtet.

- Das Management der IT-Produkte erfolgt auf der Grundlage lebenszyklusbasierter Managementkonzepte.

- Etablierte Referenzmodelle für das Informationsmanagement werden berücksichtigt. Dies gilt insbesondere für serviceorientierte Modelle.

Das SCOR-Modell als Grundlage eines integrierten Informationsmanagements

IT-Leistungserbringer und Leistungsabnehmer bilden zwei Elemente in einer Wertschöpfungs- und Lieferkette (Supply-Chain) zur Erstellung und Nutzung von IT-Leistungen. Es bietet sich daher an, die Aufgaben innerhalb des Informationsmanagements auf der Basis etablierter Referenzmodelle für das Supply-Chain-Management zu gestalten. Dem Modell des integrierten Informationsmanagements liegt das vom Supply-Chain-Council entwickelte SCOR (Supply-Chain Operations Reference)-Modell zu Grunde [Supply-Chain Council 2003]. Das SCOR-Modell unterteilt die Managementprozesse eines Unternehmens in fünf zentrale Bereiche (siehe Abb. 33):

- *Plan-Prozesse* zur Abstimmung von Angebot und Nachfrage und zur Entwicklung von Strategien, die Einkaufs-, Produktions- und Verkaufsanforderungen optimal unterstützen.

- *Source-Prozesse* zum Einkauf von Gütern und Dienstleistungen in der benötigten Menge.

- *Make-Prozesse* zur Herstellung der Endprodukte in der nachgefragten Menge.

- *Deliver-Prozesse* zur Bereitstellung der Endprodukte in der nachgefragten Menge, typischerweise Auftragsabwicklungs-, Logistik- und Vertriebsprozesse.

- *Return-Prozesse* zur Rücknahme von Produkten, die bis in den Bereich der After-Sales-Services reichen.

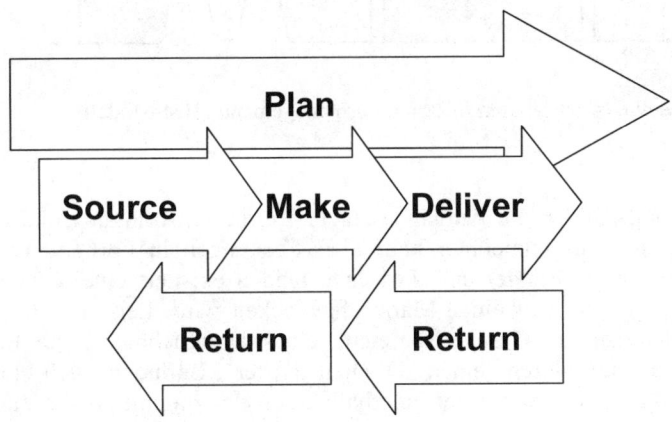

Abb. 33. Managementprozesse des SCOR-Modells

Für jeden der fünf Prozeßbereiche werden innerhalb des SCOR-Modells Prozeßkonfigurationen und Prozeßelemente definiert. Auf diese Weise stellt das SCOR-Modell ein Referenzprozeßmodell zur effektiven Kommunikation innerhalb einer Supply-Chain bereit, welches zur Beschreibung, Messung und Evaluierung konkreter Supply-Chain-Konfigurationen genutzt werden kann.

Gesamtmodell des integrierten Informationsmanagements

IT-Leistungserbringer und Leistungsabnehmer stellen zwei Elemente in einer Supply-Chain zur Erstellung von IT-Leistungen dar. Aus diesem Grund eignen sich die dem SCOR-Modell zugrunde liegenden Managementprozesse auch zur Gestaltung eines integrierten Informationsmanagements. Abb. 34 zeigt das Gesamtmodell des integrierten Informationsmanagements im Überblick.

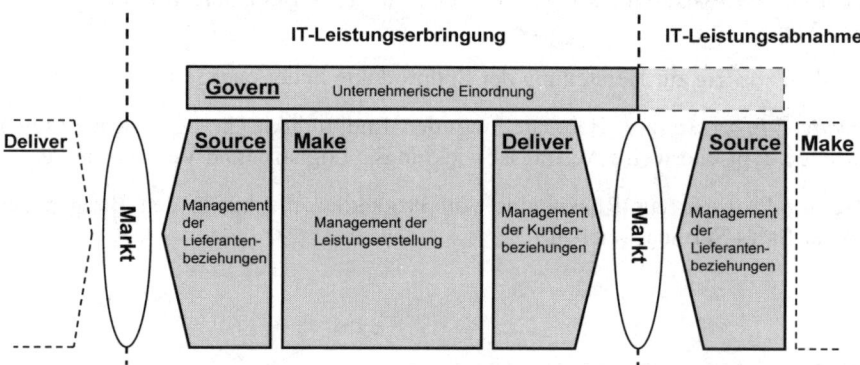

Abb. 34. Gesamtmodell des integrierten Informationsmanagements (IIM-Modell)

Den Kern des Modells bilden die Aufgaben zur IT-Leistungserbringung und IT-Leistungsabnahme. Leistungsabnehmer kaufen IT-Leistungen in Form von IT-Produkten vom Leistungserbringer ein. Zwischen beiden existiert eine Kunden-Lieferanten-Beziehung, die über einen Markt abgewickelt wird. Leistungsabnehmer sind typischerweise die Geschäftsbereiche eines Unternehmens, die Leistungserbringung erfolgt durch einen IT-Dienstleister. Befinden sich Leistungserbringer und Leistungsabnehmer innerhalb eines Unternehmens oder eines Unternehmensverbunds, so existiert zwischen beiden ein unternehmensinterner Markt. Bei externen Leistungserbringern handelt es sich dementsprechend um einen externen Markt.

Der *Source-Prozeß des Leistungsabnehmers* umfaßt alle zum Management der Lieferantenbeziehungen erforderlichen Aufgaben. Er bildet die Schnittstelle zum

Leistungserbringer. Die vom Leistungsabnehmer eingekauften IT-Produkte fließen in den Make-Prozeß des Leistungsabnehmers ein, entweder in Form einer Unterstützung seiner Geschäftsprozesse oder eines direkten Einsatzes in seinen Geschäftsprodukten.

Der *Deliver-Prozeß des Leistungserbringers* umfaßt die für das Management der Kundenbeziehungen notwendigen Aufgaben. Er bildet die Schnittstelle zwischen der eigentlichen Leistungserstellung, die im Rahmen des Make-Prozesses erfolgt, und dem Source-Prozeß des Leistungsabnehmers.

Im *Make-Prozeß des Leistungserbringers* sind alle Aufgaben zum Management der IT-Leistungserstellung zusammengefaßt. Im Kern handelt es sich dabei um das Portfolio-Management, das Entwicklungs-Management und das Produktions-Management. Von entscheidender Bedeutung ist eine integrierte Betrachtung der Leistungserstellung. Während heute in der IT-Leistungserstellung Planungs-, Entwicklungs- und Produktionsaufgaben meist bewußt getrennt sind, muß innerhalb des Make-Prozesses eine outputorientierte, gesamthafte Betrachtung im Vordergrund stehen.

Auch die Leistungserbringer verfügen über Lieferanten, von denen sie Produkte und Dienstleistungen einkaufen. Hierbei kann es sich beispielsweise um Hardware-, Software- oder Technologielieferanten handeln. Der *Source-Prozeß des Leistungserbringers* übernimmt das Management der Lieferantenbeziehungen und umfaßt alle hierzu erforderlichen Aufgaben.

Die Liefer- und Leistungskette läßt sich nach beiden Seiten fortsetzen. So ist es denkbar, daß der Leistungsabnehmer seine Produkte wiederum an Kunden verkauft, und auch die Lieferantenkette läßt sich über mehrere Stufen fortsetzen.

Der *Govern-Prozeß* ist für die übergeordneten Führungsaufgaben, Organisationsstrukturen und Prozesse verantwortlich. Befinden sich Leistungserbringer und Leistungsabnehmer innerhalb eines Unternehmens, so kann eine übergreifende Governance existieren, die für beide Seiten gültig ist Beispielsweise können die Governance-Regelungen innerhalb eines Konzerns die Regeln der Zusammenarbeit von Leistungserbringer und Leistungsabnehmer definieren und für beide Seiten verbindlich sein. Externe Leistungserbringer, die eigenständig am Markt agieren, besitzen in der Regel auch eine eigenständige Governance.

Auf der Basis des grundlegenden Source-Make-Deliver-Mechanismuses lassen sich komplexe Liefer- und Leistungsketten zusammensetzen. In der Praxis existiert beispielsweise nicht immer eine 1:1-Beziehung zwischen Leistungserbringer und Leistungsabnehmer. Vielmehr kaufen Leistungsabnehmer ihre IT-Produkte von unterschiedlichen internen und externen Leistungserbringern ein. Sie können einen Teil der IT-Leistungen (z.B. Planungs- oder Entwicklungsleistungen) auch mit eigenen IT-Ressourcen erbringen. Auf diese Weise entstehen in der betrieblichen Praxis komplexe Beziehungsnetze, wie sie beispielhaft in Abb. 35 dargestellt sind.

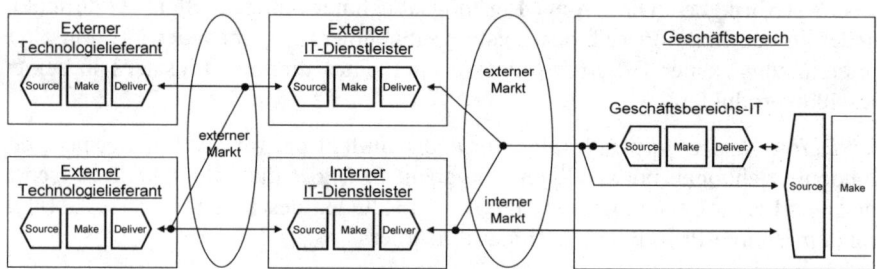

Abb. 35. Beispielhafte Liefer- und Leistungskette für IT-Leistungen

Die konkreten Aufgaben in den drei Kernprozessen Source, Make und Deliver lassen sich entlang dreier Handlungsebenen strukturieren:

- Auf der *Ebene der Rahmenbedingungen* sind die Aufgaben zur Definition der grundlegenden, strategischen Rahmenbedingungen in den Bereichen Source, Make und Deliver angesiedelt.

- Die *Ebene der Zielsetzungen* umfaßt die Aufgaben zur Definition konkreter Zielsetzungen unter Berücksichtigung der gegebenen Rahmenbedingungen.

- Die *Umsetzungsebene* enthält die Aufgaben zur Steuerung und operativen Umsetzung.

Abb. 36 zeigt gemäß dieser Dreiteilung die konkreten Aufgaben innerhalb eines integrierten Informationsmanagements im Überblick.

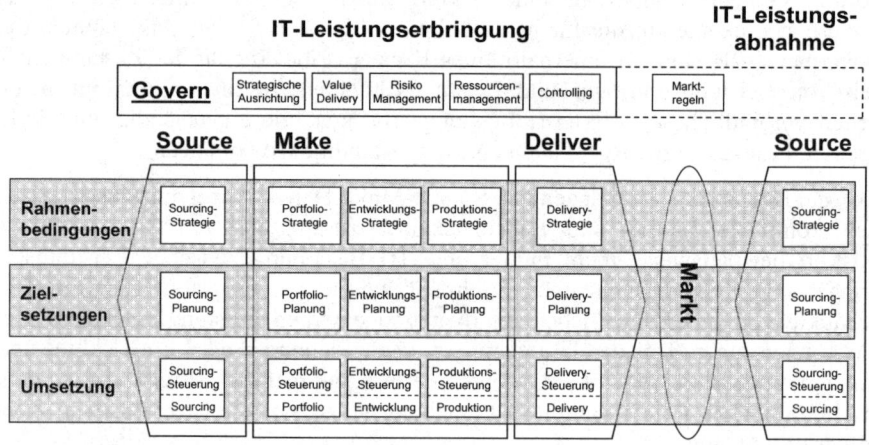

Abb. 36. Aufgaben innerhalb des integrierten Informationsmanagements

3.2 Modellbausteine

3.2.1 Govern

Unter dem Begriff der IT-Governance werden Grundsätze, Verfahren und Maßnahmen zusammengefaßt, die sicherstellen, daß die eingesetzten IT-Leistungen
zur Erreichung der Geschäftsziele beitragen, IT-Ressourcen verantwortungsvoll
eingesetzt und Risiken angemessen überwacht werden Aufgabe der IT-Governance ist somit die unternehmerische Einordnung des IT-Leistungserbringers.
Durch die Etablierung von Führungskreisläufen, Organisationsstrukturen und
Prozessen soll gewährleistet werden, daß die IT-Strategie die übergeordnete
Unternehmensstrategie unterstützt oder sogar fördert.

*Die IT-Governance ist nicht isoliert zu betrachten, sondern integraler
Bestandteil der Corporate Governance.*

Eine besondere Bedeutung kommt der IT-Governance im Rahmen der Zusammenarbeit von Leistungserbringern und Leistungsabnehmern innerhalb eines
Unternehmens zu. Die Governance definiert in diesem Fall zum einen die Rolle
der beteiligten Parteien, d.h. der Geschäftsbereiche, des internen IT-Dienstleisters
und der CIO-Organisation. Zum anderen hat sie für ein möglichst reibungsloses
Funktionieren des internen Marktes zwischen Leistungserbringern und Leistungsabnehmern zu sorgen, indem sie die Rahmenbedingungen und Regeln des Marktes
festlegt.

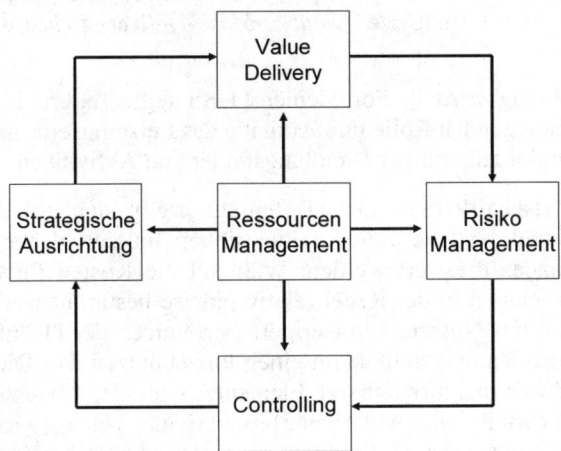

Abb. 37. Regelungsaufgaben der IT-Governance [IT Governance Institute 2003]

Die Kernaufgaben der IT-Governance lassen sich in die in Abb. 37 dargestellten Bereiche unterteilen. Diese bilden einen kontinuierlichen Kreislauf. In diesem stellt die strategische Ausrichtung, die in eine IT-Strategie mündet, den Ausgangspunkt dar. Auf die Definition der Strategie folgt deren Umsetzung. Im Rahmen der Umsetzung entsteht der Wertbeitrag des IT-Leistungserbringers und werden Risiken identifiziert und gesteuert. Das Controlling überwacht den Erfolg der Strategie und führt zu deren Weiterentwicklung. In allen Bereichen kommen Ressourcen zum Einsatz. Im folgenden werden die Aufgabenbereiche der IT-Governance näher betrachtet:

- *Strategische Ausrichtung des IT-Leistungserbringers*: Die strategische Ausrichtung, häufig auch als Alignment bezeichnet, legt die langfristigen Anforderungen an den IT-Leistungserbringer und seine Rolle fest. Ausgangspunkt ist dabei stets die übergeordnete Unternehmensstrategie. Die strategischen Unternehmensziele müssen sich in der Ausrichtung des Leistungserbringers widerspiegeln und die IT-Organisation muß zur Unternehmensorganisation passen. Werden beispielsweise IT-Produkte im Unternehmen als Commodity betrachtet, so muß der Leistungserbringer in erster Linie auf eine kosteneffiziente Herstellung der Produkte ausgerichtet werden. Sind dahingegen IT-Produkte zur Erzielung strategischer Wettbewerbsvorteile erforderlich, muß das Augenmerk sich eher auf die Fähigkeiten des Leistungserbringers und die strategische Bedeutung zukünftiger technologischer Entwicklungen richten. Auch die Anforderungen an die Flexibilität und Geschwindigkeit des Leistungserbringers werden durch die Unternehmensstrategie determiniert.

  Flexibilität im Sinne einer flexiblen Organisationsunterstützung des Leistungsabnehmers ist eine zentrale strategische Zielsetzung. Sie kann durch eine konsequente Umsetzung des Source-Make-Deliver Prinzips erreicht werden.

  Die strategische Ausrichtung wird in Form einer IT-Strategie fixiert. Diese beinhaltet neben der grundlegenden Rolle und Aufgabe des Leistungserbringers auch die Festlegung zentraler zukünftiger Handlungsfelder und Aktivitäten.

- *Value Delivery*: Die Wirtschaftlichkeit des IT-Beitrags ergibt sich aus dem Verhältnis von Kosten und Nutzen. Beide Dimensionen müssen daher im Rahmen der IT-Governance adressiert werden. Während die Kosten für den Einsatz von IT im Unternehmen in der Regel relativ präzise bestimmt werden können, ist die Ermittlung des Nutzens schwieriger. Der Nutzen der IT äußert sich in den Geschäftsprozessen und stellt somit einen Prozeßnutzen dar. Dieser enthält eine Vielzahl schwer quantifizierbarer Elemente, wie z.B. Kundenzufriedenheit, Wettbewerbsvorteile oder Mitarbeiterproduktivität. Um so wichtiger ist es daher, daß der Nutzen der IT-Produkte im Unternehmen kommuniziert und sichtbar gemacht wird, damit die Diskussion sich nicht allein auf Kostenaspekte beschränkt. Dies ist eine Aufgabe, die der IT-Governance zukommt. Meß- und Zielsysteme für den IT-Nutzen sollten dabei nicht allein durch den Leistungserbringers, sondern gemeinsam mit den Geschäftsbereichen erarbeitet werden und deren Zustimmung finden.

Im Rahmen eines integrierten Informationsmanagements erfolgt die Wirtschaftlichkeitsbetrachtung auf der Grundlage einer lebenszyklusorientierten Kosten- und Leistungsrechnung.

Eine hohe Wirtschaftlichkeit der IT-Leistungserstellung kann nur erreicht werden, wenn der Leistungserbringer über bestimmte Fähigkeiten verfügt. Hierzu zählt beispielsweise die Fähigkeit, umfassende und zeitgerechte Informationen über Kunden, Märkte und Prozesse zu erlangen, effektive Verfahren und Instrumente einzusetzen (z.B. Wissensmanagement, Leistungsmessung) und neue Technologien zu integrieren [IT Governance Institute 2003]. Die IT-Governance muß geeignete Rahmenbedingungen schaffen, damit diese Fähigkeiten aufgebaut werden können und erhalten bleiben.

- *Risikomanagement*: Das Risikomanagement bildet, nicht zuletzt auf Grund neuer gesetzlicher Anforderungen (z.B. Sarbanes-Oxley-Act), ein zentrales Element der Corporate Governance. Neben finanziellen Risiken spielen in diesem Zusammenhang vor allem auch operationelle und systembedingte Risiken eine immer wichtigere Rolle. Diese Risiken wiederum werden von technologischen Risiken und Risiken der Informationssicherheit stark beeinflußt. Aufbauend auf der generellen Risikosituation eines Unternehmens müssen im Rahmen der IT-Governance die IT-basierten Risiken identifiziert, bewertet und transparent gemacht werden. Im Anschluß sind konkrete Strategien zum Umgang mit den Risiken zu entwickeln. Eine derartige Strategie kann beispielsweise darin bestehen, Risiken durch den Einsatz von Kontrollmechanismen zu minimieren, Risiken mit Partnern zu teilen, Risiken zu versichern oder Risiken bewußt zu akzeptieren. Selbst im letzten Fall ist jedoch eine Risikoanalyse unerläßlich, da nur bekannte Risiken qualifizierte Managemententscheidungen ermöglichen.

Durch eine integrierte Betrachtung der IT-Leistungserstellung und eine enge Verzahnung der Managementprozesse in den Bereichen Source, Make und Deliver kann eine hohe Transparenz erzielt werden, die eine frühzeitige Identifikation von Risiken ermöglicht.

Das Risikomanagement darf nicht als bloßer Kostenfaktor gesehen werden. Vielmehr lassen sich mit seiner Hilfe, bei konsequenter Umsetzung, sowohl Wettbewerbsvorteile als auch Effizienzsteigerungen erzielen.

- *Controlling*: Ziele, Ressourcen und Prozesse müssen kontinuierlich überwacht und gesteuert werden, um den Leistungsgrad des Leistungserbringers ermitteln und frühzeitig Probleme identifizieren zu können. Aufgabe der Governance ist es, geeignete Meßgrößen bzw. Kennzahlen zu identifizieren und einen Steuerungs- und Kontrollkreislauf zu etablieren.

Eine leistungsfähige Prozeßkostenrechnung des IT-Leistungserbringers bildet das zentrale Controlling-Instrument.

Das Controlling sollte sich nicht ausschließlich auf finanzielle Kennzahlen konzentrieren, sondern beispielsweise durch den Einsatz von Balanced Scorecards auch kundenorientierte, prozeßorientierte und potentialorientierte Kennzahlen berücksichtigen [Boeh/Meyer 2004]. Die grundlegenden Bausteine der Balanced Scorecard können für den Einsatz im Bereich der IT angepaßt werden, z.B. indem man die Kennzahlen an den vier Dimensionen Unternehmensbeitrag der IT, Kundenorientierung der IT, Zukunftsfähigkeit der IT und operationelle Leistungsfähigkeit der IT ausrichtet [IT Governance Institute 2003].

- *Ressourcenmanagement*: Eine möglichst optimale Nutzung und Zuteilung der IT-Ressourcen ist Voraussetzung für ein erfolgreiches Agieren des Leistungserbringers. Zu den Ressourcen zählen sowohl Mitarbeiter als auch Komponenten der IT-Infrastruktur wie Hardware, Software, Netzwerke oder Daten. Die IT-Governance muß die Rahmenbedingungen für das Ressourcenmanagement in den eigentlichen Kernprozessen (Source, Make, Deliver) definieren.

Das Ressourcenmanagement darf sich nicht auf das Management und die Priorisierung der Entwicklungsressourcen beschränken. Vielmehr sind alle Ressourcen des IT-Leistungserbringers zu berücksichtigen.

Im Rahmen des Ressourcenmanagements müssen grundlegende Aussagen darüber getroffen werden, wo und wie Ressourcen extern eingekauft werden, unter welchen Rahmenbedingungen die Einstellung neuer Mitarbeiter und die Aus- und Weiterbildung existierender Mitarbeiter erfolgt und wie ein lebenszyklusorientiertes Management von Hardware- und Softwareressourcen zu etablieren ist. Das Ressourcenmanagement bewegt sich dabei in einem ständigen Spannungsfeld zwischen einer möglichst kosteneffizienten Ressourcenbasis einerseits und einer möglichst hohen Effektivität der mit den Ressourcen erbrachten IT-Leistungen andererseits.

Eine Voraussetzung für eine funktionierende Kunden-Lieferanten-Beziehung zwischen Leistungserbringer und Leistungsabnehmer ist es, die Spielräume der Marktteilnehmer, d.h. die Regeln des Marktes, zu definieren. Dabei sind externe und interne Märkte zu unterscheiden. Während die Rahmenbedingungen eines externen Marktes durch generelle gesetzliche Regeln definiert sind, obliegt die Gestaltung eines unternehmensinternen Marktes der IT-Governance. Grundsätzlich lassen sich die zu definierenden Regeln eines internen Marktes in zwei Segmente untergliedern:

- *Wettbewerbsbezogene Regelungen* definieren die Wettbewerbsverhältnisse zwischen Leistungserbringer und Leistungsabnehmer. Von zentraler Bedeutung sind dabei Regelungen zur Bezugspflicht des Leistungsabnehmers und zur Möglichkeit eines externen Leistungsangebotes des Leistungserbringers. Die Bezugspflicht legt fest, ob ein Leistungsabnehmer verpflichtet ist, seine IT-Produkte bei einem bestimmten, in der Regel unternehmensinternen, Leistungserbringer einzukaufen oder ob er auch externe Drittanbieter als Lieferanten wählen darf. Aus Sicht eines einzelnen Leistungsabnehmers führt die Erlaubnis, unternehmensexterne Leistungserbringer beauftragen zu dürfen, in der Regel zu einer besseren Wettbewerbssituation und zu einer stärkeren Verhandlungsposition gegenüber dem internen Leistungserbringer. Aus Gesamtunternehmenssicht sind dahingegen auch die Auslastung und die wirtschaftliche Situation des Leistungserbringers zu berücksichtigen. Unter diesem Blickwinkel kann eine unternehmensinterne Bezugspflicht durchaus eine wirtschaftlich sinnvolle Lösung darstellen.

Gleiches gilt für die Sicht des Leistungserbringers. Obwohl dieser in der Regel die Möglichkeit bevorzugt, seine Produkte auch an Dritte auf dem freien Markt anbieten zu dürfen, stellt sich aus Gesamtunternehmenssicht die Frage, ob der Leistungserbringer überhaupt dauerhaft auf dem externen Markt konkurrenzfähig sein kann und ob seine Ressourcen nicht besser zur Deckung des unternehmensinternen Bedarfs der Leistungsabnehmer eingesetzt werden sollten. Eine Rolle spielen hierbei auch die unternehmerischen Zielsetzungen des Leistungserbringers. Ist er als eigenständiges Profit-Center mit einem Gewinnerzielungsauftrag aufgestellt, so muß er danach streben, seine Produkte zu den aus seiner Sicht bestmöglichen Konditionen am Markt zu verkaufen. Arbeitet er dahingegen als unternehmensinternes Cost-Center ohne Gewinnerzielungsauftrag, so ist seine primäre Aufgabe in der Deckung der unternehmensinternen Nachfrage nach IT-Produkten zu sehen.

- *Formale Regelungen* gestalten die formale Beziehung zwischen Leistungserbringer und Leistungsabnehmer. Hierunter fallen vor allem die rechtlichen Beziehungen und die Mechanismen zur Leistungsverrechnung. Im Rahmen der rechtlichen Beziehungen ist beispielsweise zu definieren, wie die Besitzrechte an Anwendungssystemen und IT-Infrastrukturen ausfallen. Kauft der Leistungsabnehmer ein IT-Produkt im Sinne einer Prozeßunterstützungsleistung ein, so liegt der Besitz der für die Produktion des Produktes benötigten Infrastrukturen in der Regel beim Leistungserbringer. Es ist aber auch denkbar, daß der Leistungsabnehmer Teile der Infrastruktur besitzt oder Rechte an der entwickelten Software hält. Regelungen zur Leistungsverrechnung haben das Ziel, zum einen eine möglichst hohe Transparenz über anfallende Kosten und erbrachte Leistungen zu schaffen und zum anderen Anreize für ein wirtschaftliches Verhalten beider Parteien zu setzen. Ein typisches Beispiel hierfür bildet die Regelung, wie beide Seiten von technischem Fortschritt profitieren. In der Regel ermöglicht es der rasche technologische Fortschritt im Bereich der IT dem Leistungserbringer, seine Produkte zu kontinuierlich niedrigeren Preisen herzustellen. Gibt er diese Fortschritte nicht an seine Kunden weiter, so ist ein effizienter IT-Einsatz auf Seiten des Leistungsabnehmers nicht möglich. Werden die Effizienzsteigerungen dahingegen vollständig an die Kunden weitergegeben, besteht auf Seiten des Leistungserbringers kein Anreiz, technologische Fortschritte zu erzielen. Die Marktregeln müssen in diesem Zusammenhang für ein für beide Seiten wirtschaftlich sinnvolles Zusammenspiel sorgen.

3.2.2 Source

Der Source-Prozeß stellt das Bindeglied zwischen dem Deliver-Prozeß eines Leistungserbringers und dem Make-Prozeß eines Kunden dar. Während der Begriff des Sourcing im Bereich der IT meist in Verbindung mit der Diskussion um In- oder Outsourcing verwendet wird, umfaßt er innerhalb des IIM-Modells alle Aufgaben zum Management von Lieferantenbeziehungen. Im Mittelpunkt stehen diejenigen Aufgaben, die zum Einkauf der benötigten IT-Produkte erforderlich sind.

Die Ausgestaltung eines Einkaufsprozesses hängt stark von der Art der eingekauften Produkte ab. Deshalb sollen die besonderen Eigenschaften von IT-Produkten an dieser Stelle nochmals hervorgehoben werden:

• IT-Produkte sind keine Investitionsgüter, sondern Dienstleistungen, die über einen längeren Zeitraum kontinuierlich vom Leistungsabnehmer genutzt werden.

• IT-Produkte unterliegen häufigen Änderungen, d.h. sie werden kontinuierlich weiterentwickelt.

• IT-Produkte werden durch den Anwender bei der Ausführung eines Geschäftsprozesses abgerufen. Die Abrufzeitpunkte können nicht im Detail vorhergeplant werden.

• IT-Produkte werden meist in großen Stückzahlen benötigt.

Ein Sourcing findet sowohl beim IT-Leistungserbringer als auch beim IT-Leistungsabnehmer statt.

Der Source-Prozeß eines Leistungserbringers unterscheidet sich jedoch nicht zuletzt durch die Art der eingekauften IT-Produkte von dem des Leistungsabnehmers. Im folgenden sollen daher die beiden Source-Prozesse innerhalb des IIM-Modells kurz erläutert werden.

Source-Prozeß des IT-Leistungserbringers

Der Source-Prozeß des Leistungserbringers entspricht dem klassischen Outsourcing-Verständnis. Er umfaßt diejenigen Aufgaben, die zum Management von Outsourcing-Beziehungen bei einem Leistungserbringer erforderlich sind. Abb. 38 zeigt das zugrunde liegende Verständnis am Beispiel eines IT-Dienstleisters, der als Leistungserbringer für die Geschäftsbereiche tätig ist. Diejenigen IT-Leistungen, die nicht durch den Leistungserbringer selber erbracht werden (Eigenfertigung), werden von externen Technologielieferanten im Sinne eines Outsourcings eingekauft (Fremdbezug). Der Anteil der Eigenfertigung (Fertigungstiefe) an den Produkten des IT-Dienstleisters und die Entscheidung, welche konkreten Leistungen fremdbezogen werden, sind strategische Entscheidungen und in der Sourcing-Strategie zu definieren.

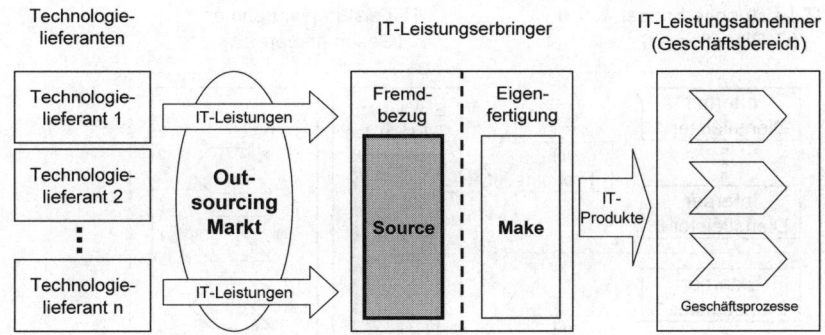

Abb. 38. Source-Prozeß eines IT-Leistungserbringers

Typischerweise werden in der Praxis die folgenden IT-Leistungen über den Out-sourcing-Markt eingekauft:

- Der Einkauf von Hardware-Ressourcen (z.B. Rechenleistungen, Speicher-leistungen usw. im Rahmen eines Outsourcings des Rechenzentrumsbetriebs),

- der Einkauf von Personal-Ressourcen (z.B. externe Entwicklungsressourcen in Niedriglohnländern),

- der Einkauf von Software-Lösungen (z.B. im Rahmen eines Application Service Providing) und

- der Einkauf von Hardwarekomponenten (z.B. Rechnersysteme, Drucker, usw.).

Die eingekauften IT-Leistungen fließen in die vom Leistungserbringer an den Leistungsabnehmer verkauften IT-Produkte ein. Je höher dabei der Anteil fremd-bezogener IT-Leistungen ist, desto stärker wird der Leistungserbringer zu einem reinen Leistungsintegrator.

Source-Prozeß des IT-Leistungsabnehmers

Die Etablierung eines Source-Prozesses unmittelbar beim Leistungsabnehmer ist für IT-Produkte noch nicht sehr verbreitet. Dies liegt vor allem daran, daß in der Vergangenheit die Zusammenarbeit zwischen Leistungsabnehmer und Leistungs-erbringer im Bereich der IT stark projektgetrieben war. Der Grundgedanke, daß Leistungsabnehmer ihren Bedarf an IT-Leistungen in Form von Produkten einkau-fen, setzt sich nur langsam durch. Abb. 39 zeigt das grundlegende Zusammen-spiel. Die Geschäftsbereiche eines Unternehmens kaufen die benötigten IT-Produkte von einem oder mehreren internen oder externen Leistungserbringern ein.

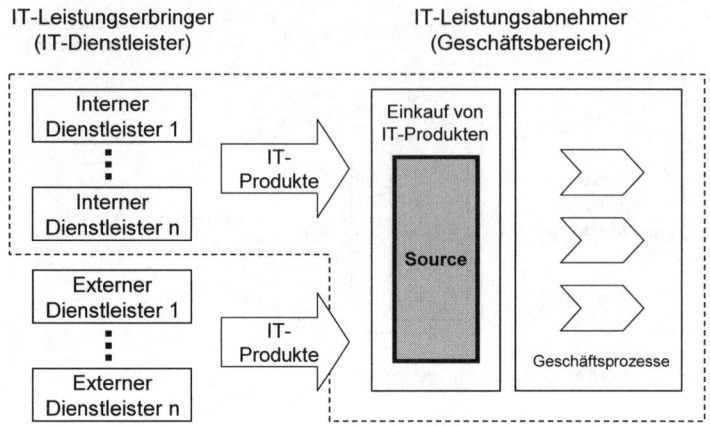

Abb. 39. Source-Prozeß am Beispiel eines IT-Leistungsabnehmers

Auf Grund der besonderen Eigenschaften von IT-Produkten, insbesondere der häufigen Änderungen, ist der Source-Prozeß des Leistungsabnehmers geprägt durch eine hohe Dynamik.

Dem Portfolio-Management kommt eine zentrale Rolle bei der Gestaltung der Kunden-Lieferanten-Beziehung zwischen Leistungserbringer und Leistungsabnehmer zu.

Das Portfolio-Management muß der hohen Dynamik des IT-Sourcings gerecht werden, indem es die Anforderungen der Kunden in IT-Produkte umsetzt und für eine wirtschaftliche Leistungserstellung sorgt (siehe Kapitel 2.1, Abb. 4). Nur durch ein ganzheitliches Portfolio-Management läßt sich ein marktgerechtes Produktportfolio erreichen und lassen sich Inkompatibilitäten zwischen den IT-Produkten vermeiden.

Die Umsetzung eines Source-Prozesses beim Leistungsabnehmer ist vor allem dann sinnvoll, wenn höherwertige, geschäftsprozeßorientierte IT-Produkte eingekauft werden. Hierzu zählen beispielsweise:

• Der Einkauf eines E-Mail-Service,

• der Einkauf eines IT-Arbeitsplatz-Service,

• der Einkauf von Personalprozessen (z.B. Erstellung der Lohn- und Gehaltsabrechnung) inkl. Schnittstelle zur Finanzbuchhaltung,

• der Einkauf eines elektronischen Vertriebsprozesses (z.B. Erstellung eines elektronischen Tickets) und

• der Einkauf von IT-Leistungen zur Bereitstellung eines ISDN-Anschlusses.

Unabhängig davon, ob ein Sourcing beim Leistungserbringer oder Leistungsabnehmer stattfindet, sind im Rahmen des Source-Prozesses mehrere Aufgaben zu
erbringen. Innerhalb des IIM-Modells sind diese Aufgaben in die drei Ebenen
Sourcing-Strategie, Sourcing-Planung und Sourcing-Steuerung unterteilt (siehe
Abb. 40) und werden im folgenden näher beschrieben.

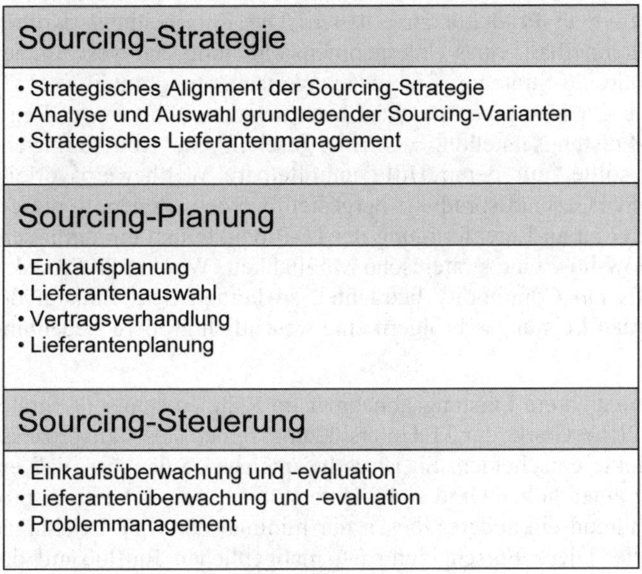

Sourcing-Strategie

• Strategisches Alignment der Sourcing-Strategie
• Analyse und Auswahl grundlegender Sourcing-Varianten
• Strategisches Lieferantenmanagement

Sourcing-Planung

• Einkaufsplanung
• Lieferantenauswahl
• Vertragsverhandlung
• Lieferantenplanung

Sourcing-Steuerung

• Einkaufsüberwachung und -evaluation
• Lieferantenüberwachung und -evaluation
• Problemmanagement

Abb. 40. Aufgaben innerhalb des Source-Prozesses

3.2.2.1 *Sourcing-Strategie*

In der Sourcing-Strategie werden die langfristigen Rahmenbedingungen für den
Source-Prozeß festgelegt und die Vorgaben und Zielsetzungen für die Sourcing-
Planung und Sourcing-Steuerung definiert. Die Strategie kann in einem Sourcing-
Governance-Modell festgehalten werden, welches einen Teil des gesamthaften IT-
Governance-Modells bildet. Auf der strategischen Ebene sind die folgenden Auf-
gaben angesiedelt:

• *Strategisches Alignment der Sourcing-Strategie*: Eine Sourcing-Strategie stellt
  keinen Selbstzweck dar, sondern soll dazu beitragen, daß ein Unternehmen
  seine Geschäftsziele erreicht. In diesem Sinne muß die Sourcing-Strategie auf
  die Unternehmensstrategie abgestimmt sein und beispielsweise unternehmerische Ziele hinsichtlich Flexibilität, Innovation, Kosten oder Qualität unterstützen.

Nicht nur ein IT-Leistungserbringer oder eine CIO-Organisation, sondern auch die Geschäftsbereiche in ihrer Rolle als Leistungsabnehmer müssen eine IT-Sourcing-Strategie definieren.

Ausgangspunkt ist stets das Verständnis von IT-Produkten als Leistungen zur Unterstützung der Geschäftsprozesse. Ziele der Sourcing-Strategie können darin bestehen, möglichst flexibel auf qualitative und quantitative Nachfrageschwankungen nach IT-Produkten zu reagieren, Kostenvorteile zu erzielen oder Zugriff auf innovative IT-Produkte zu erhalten. Die Entscheidung darüber, welche Rolle die IT innerhalb eines Unternehmens einnimmt, hat wesentlichen Einfluß auf die Sourcing-Strategie. Ein hoher Wertschöpfungsanteil von IT-Produkten innerhalb der Kernprozesse eines Unternehmens führt in der Regel dazu, daß die IT-Leistungserstellung als eine geschäftliche Kernkompetenz betrachtet werden sollte, mit deren Hilfe unmittelbare Wettbewerbsvorteile erzielt oder innovative Geschäftsprodukte hergestellt werden können. In diesem Fall sind ein hoher Grad an Eigenfertigung der IT-Produkte und ein umfassendes internes IT-Know-how eine strategische Möglichkeit. Werden IT-Produkte dahingegen eher als ein Commodity betrachtet, so kommt dem Einkauf der Produkte von externen Leistungserbringern eine wesentlich größere Bedeutung zu.

Darüber hinaus kann sich ein Leistungsabnehmer im Rahmen seiner IT-Strategie für unterschiedliche Grade der IT-Unterstützung seiner Geschäftsprozesse und Geschäftsprodukte entscheiden. So ist es beispielsweise denkbar, daß ein Leistungsabnehmer einen hohen Grad an IT-Unterstützung seines Vertriebsprozesses wünscht, während ein anderer diesen nur minimal durch IT-Leistungen unterstützten möchte. Diese Entscheidung hat maßgeblichen Einfluß auf das IT-Nachfrageportfolio des Leistungsabnehmers, d.h. auf Art und Umfang der im Rahmen des Source-Prozesses einzukaufenden IT-Produkte.

- *Analyse und Auswahl grundlegender Sourcing-Varianten*: In Abhängigkeit von der jeweiligen Geschäfts- und IT-Strategie eines Unternehmens müssen im Rahmen der Sourcing-Strategie die zur Verfügung stehenden Sourcing-Varianten analysiert und ausgewählt werden. Sourcing-Varianten lassen sich entlang verschiedener Dimensionen kategorisieren [Jouanne-Diedrich 2004]. So kann beispielsweise in Abhängigkeit von der angestrebten Anzahl an Lieferantenbeziehungen zwischen einem Single-Sourcing und einem Multi-Sourcing unterschieden werden. Hinsichtlich des Grades des externen Leistungsbezugs kann ein totales Outsourcing, ein selektives Outsourcing (häufig auch als Smart-Sourcing bezeichnet) oder ein totales Insourcing angestrebt werden. In Abhängigkeit vom Standort der potentiellen Leistungserbringer läßt sich eine Nearshore-Sourcing oder Offshore-Sourcing (häufig auch als Global-Sourcing bezeichnet) Strategie verfolgen.

- *Strategisches Lieferantenmanagement*: Das strategische Lieferantenmanagement hat das Ziel, langfristige Partnerschaften und Zielsetzungen mit den Leistungserbringern zu etablieren. Der Markt für IT-Leistungserbringer ist dabei einem ständigen Wandel unterzogen und bildet den Rahmen, innerhalb dessen sich das Lieferantenmanagement bewegen muß.

Ein IT-Leistungserbringer muß vor allem die Fähigkeit besitzen, über einen längeren Zeitraum verläßlich IT-Produkte liefern und die Änderungs-anforderungen der Leistungsabnehmer flexibel umsetzen zu können.

Leistungsfähigkeit und Leistungsangebot der Leistungserbringer ändern sich und Trends, wie z.B. die zunehmende Globalisierung und Vernetzung, sind zu berücksichtigen. Ein gutes Beispiel hierfür ist der wachsende Markt an Leistungserbringern, die ein Business-Process-Outsourcing (BPO) anbieten. Mit der zunehmenden Reife des BPO-Marktes ergeben sich für einen Leistungsabnehmer neue Möglichkeiten zur Gestaltung seiner Sourcing-Strategie, die über klassische Ansätze, etwa im Bereich des Infrastruktur-Sourcings, hinausgehen. Im Rahmen des strategischen Lieferantenmanage-ments sind die Grundregeln der Zusammenarbeit mit den Leistungserbringern zu definieren. Zu diesen Grundregeln gehören zum einen die strategischen Zielsetzungen der Partnerschaft, etwa hinsichtlich Leistungen, Kosten und Qualität. Zum anderen sind Grundsätze der Liefer- und Leistungsbeziehung, wie etwa der rechtliche Rahmen, die Verteilung von Risiken oder Eskalations- und Schlichtungsprozesse, zu vereinbaren.

Für die Ausgestaltung des strategischen Lieferantenmanagements können existierende Konzepte und Instrumente aus dem strategischen Einkauf, z.B. aus dem Bereich des Supplier-Relationship-Managements (SRM), für das strategische IT-Sourcing eingesetzt werden.

3.2.2.2   Sourcing-Planung

Die Sourcing-Planung definiert, unter Berücksichtigung der durch die Sourcing-Strategie vorgegebenen Rahmenbedingungen, die konkreten Zielsetzungen des Source-Prozesses. Die folgenden planerischen Aufgaben sind dabei durchzufüh-ren:

- *Einkaufsplanung*: Ziel der Einkaufsplanung ist es, die einzukaufenden IT-Produkte soweit zu spezifizieren, daß Verhandlungen mit potentiellen IT-Leistungserbringern aufgenommen werden können. Die hierzu erforderlichen Informationen erhält die Einkaufsplanung in der Regel in Form eines Lasten-heftes, welches innerhalb des Make- und Deliver-Prozesses erarbeitet wurde und definiert, welche Funktionalität das oder die einzukaufenden IT-Produkte besitzen muß, welche Qualitätsanforderungen bestehen und welches Mengen-gerüst zugrunde liegt. Bei komplexen IT-Produkten können potentielle Leistungserbringer bereits in die Einkaufsplanung einbezogen werden.

- *Lieferantenauswahl*: Auf der Grundlage der in der Einkaufsplanung konkreti-sierten Produktspezifikation müssen in einem zweiten Schritt die für die Liefe-rung in Frage kommenden Leistungserbringer evaluiert und der beste Leistungserbringer ausgewählt werden. Erneut spielt, wie schon im strategischen Lieferantenmanagement, die langfristige Kontinuität eines Lieferanten eine besondere Rolle. Für den Auswahlprozeß können Auswahlkriterien definiert und auf Best-Practices zurückgegriffen werden. Sinnvolle Auswahlkriterien sind beispielsweise das Prozeß-, Technologie- und Branchen-Know-how eines Leistungserbringers, vorhandene Referenzkunden und -projekte, die Flexibilität bei der Vertragsgestaltung, die Erfahrung und Verfügbarkeit von Mitarbeitern und die Unternehmenskultur [Stone 2002a].

- *Vertragsverhandlung*: Ist ein Leistungserbringer ausgewählt, findet im Rahmen der Sourcing-Planung der Verhandlungsprozeß statt, der in einen Vertrag mündet. Der Vertrag definiert im Sinne eines Service-Level-Agreements die Rahmenbedingungen für den Abruf der IT-Produkte, die Qualitätseigenschaften der IT-Produkte und die Umsetzung neuer Anforderungen bzw. Produktvarianten.

- *Lieferantenplanung*: Das strategische Lieferantenmanagement definiert die langfristigen Rahmenbedingungen für die Zusammenarbeit mit einzelnen IT-Leistungserbringern. Auf dieser Grundlage erfolgt im Rahmen der Lieferantenplanung die Vereinbarung mittelfristiger Zielsetzungen. So können beispielsweise jährliche Qualitäts- und Kostenziele mit einzelnen Leistungserbringern definiert werden.

3.2.2.3   Sourcing-Steuerung

Die operative Umsetzung des Source-Prozesses erfolgt im Rahmen der Sourcing-Steuerung. Diese umfaßt typischerweise die folgenden Aufgaben:

- *Einkaufsüberwachung und -evaluation*: Im Mittelpunkt steht die Überwachung der mit dem Einkauf der IT-Produkte verbundenen Kosten- und Qualitätszusagen. Hierzu zählen beispielsweise die Überwachung von Abrechnungen des Leistungserbringers oder die Überwachung der vom Leistungserbringer zugesagten Termine für die Lieferung der Produkte. Die Leistungsüberwachung findet auf der Grundlage der vereinbarten Service-Level-Agreements statt. Im Rahmen der Sourcing-Steuerung ist kontinuierlich zu überwachen, ob die im Service-Level-Agreement enthaltenen Leistungszusagen des Leistungserbringers eingehalten werden.

- *Lieferantenüberwachung und -evaluation*: Nicht nur die gelieferten IT-Produkte, sondern auch die Leistungserbringer selber sind zu überwachen und zu evaluieren. So sollte beispielsweise regelmäßig evaluiert werden, ob die mit einem Leistungserbringer innerhalb der Lieferantenplanung vereinbarten Zielsetzungen eingehalten werden, ob die Qualität des Leistungserbringers den Erwartungen entspricht und ob eine positive Entwicklung der Beziehung zum Leistungserbringer zu beobachten ist. Zu diesem Zweck können etablierte Konzepte aus dem Einkauf, etwa zum Supplier-Relations-Management (SRM), auch für die Steuerung der IT-Leistungserbringer eingesetzt werden.

- *Problemmanagement*: Werden im Rahmen der verschiedenen Überwachungs-
  aufgaben Abweichungen oder Probleme identifiziert, so ist es Aufgabe der
  Sourcing-Steuerung, diese gemeinsam mit dem Leistungserbringer zu lösen. Ist
  dies nicht möglich, sind die im Rahmen der Sourcing-Strategie vereinbarten
  Eskalations- und Schlichtungsmechanismen einzuleiten.

Die aufgeführten Aufgaben finden sich auch in anderen IT-Sourcing-Konzepten
wieder. Bsp. 7 beschreibt mit dem Sourcing-Life-Cycle von Gartner Research ein
derartiges Konzept.

Bsp. 7. Sourcing Life Cycle von Gartner Research [Stone 2002b]

Gartner Research unterteilt den Lebenszyklus von Outsourcing-Beziehungen in die vier in Abb. 41 dargestellten Phasen. Diese korrespondieren
weitgehend mit den drei Aufgabenbereichen des Source-Prozesses innerhalb des IIM-Modells. Phase 1 entspricht der Sourcing-Strategie, die
Phasen 2 und 3 der Sourcing-Planung und die Phase 4 der Sourcing-
Steuerung.

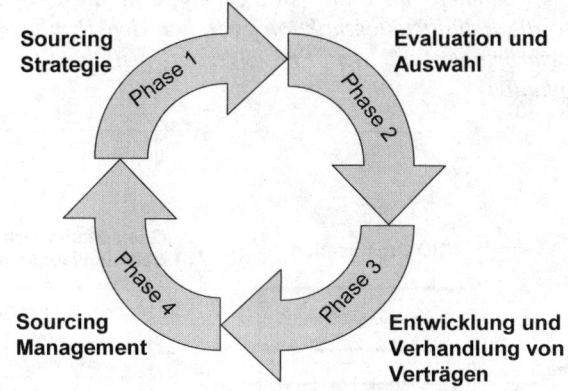

Abb. 41. Sourcing Life Cycle von Gartner Research

Gemäß Gartner Research sind die vier Phasen wie folgt definiert:

Sourcing-Strategie: Die Definition einer umfassenden Sourcing-Strategie, in deren Mittelpunkt die Abstimmung von Geschäfts- und IT-Strategie steht, und die den aktuellen und angestrebten Zustand präzise
beschreibt.

Evaluation und Auswahl: Die Umsetzung eines strukturierten Eva-luationsprozesses, mit Hilfe dessen der beste Leistungserbringer für eine bestimmte Aufgabe identifiziert werden kann.

Entwicklung und Verhandlung von Verträgen: Ein robuster Ent-wicklungsprozeß für Verträge, die sich für beide Vertragsparteien als langfristig tragbar erweisen.

Sourcing-Management: Ein starkes Governance-Modell für die Out-sourcing-Beziehung, das flexibel an geänderte Rahmenbedingungen an-gepaßt werden kann.

Für jede Phase werden die zentralen Aufgaben und Erfolgsfaktoren be-schrieben.

Interessant ist die Frage, wie die organisatorische Umsetzung des Source-Prozes-ses erfolgen sollte. Abb. 42 zeigt ein mögliches Rollenmodell, innerhalb dessen diese Aufgabe von der CIO-Organisation übernommen wird. Sie bildet die Schnittstelle zwischen den operativen Geschäftsbereichseinheiten und den IT-Leistungserbringern. Für die allgemeinen Sourcing-Aufgaben ist ein Sourcing-Office zuständig.

Sourcing-Manager übernehmen, im Sinne von Einkäufern, für ein oder mehrere IT-Produkte die Schnittstellenfunktion zwischen den Produktma-nagern der Leistungserbringer und den Prozeßverantwortlichen in den Geschäftsbereichseinheiten.

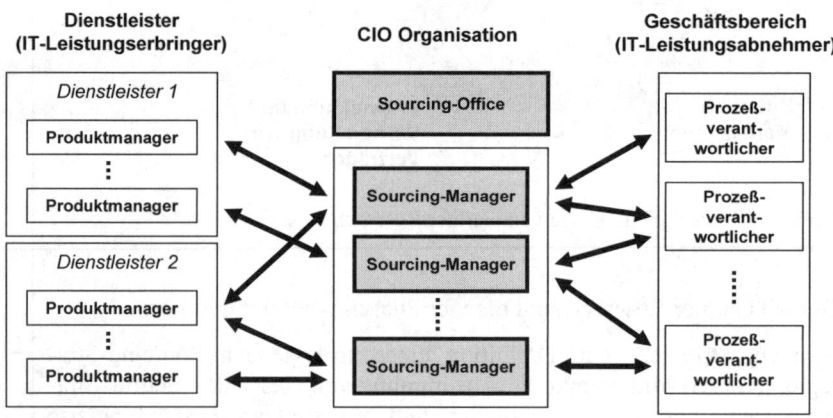

Abb. 42. Rollen innerhalb des Source-Prozesses

Das *Sourcing-Office* ist vor allem für die folgenden Aufgaben verantwortlich:

- Definition der Sourcing-Strategie,

- Analyse und Auswahl der Leistungserbringer,

- Vertragsverhandlungen und Gestaltung von Service-Level-Agreements,

- Evaluation der Leistungserbringer.

Ein *Sourcing-Manager* übernimmt das aktive Management der Schnittstellen zu den Leistungserbringern und den eigentlichen Leistungsabnehmern. Für die Leistungserbringer bildet er den zentralen Ansprechpartner beim Leistungsabnehmer. Für die Prozeßverantwortlichen wiederum ist er der zentrale Ansprechpartner für alle Fragen und Aufgaben im Zusammenhang mit dem Einkauf der benötigten IT-Produkte. Im Rahmen des Schnittstellenmanagements übernimmt der Produktmanager die folgenden Aufgaben:

- IT-Produktplanung gemeinsam mit den Prozeßverantwortlichen,

- IT-Produkteinkauf und IT-Produktüberwachung,

- Kosten- und Terminüberwachung,

- Überwachung der Leistungserbringer,

- Problemmanagement,

- Monitoring und Evaluation.

3.2.3 Deliver

Der Delivery-Prozeß bildet die Schnittstelle des Leistungserbringers zum Leistungsabnehmer. Im Gegensatz zu einem eng gefaßten Delivery-Verständnis, das sich im Bereich der IT vor allem auf die Bereitstellung von IT-Leistungen konzentriert, umfaßt der Prozeß innerhalb des integrierten Informationsmanagements alle Aufgaben, die zur Gestaltung der Beziehungen des Leistungserbringers zum Absatzmarkt ihrer IT-Produkte, d.h. zu den Leistungsabnehmern, erforderlich sind. Zu diesen zählen in erster Linie die aktive Positionierung des Produktangebotes im Markt und die Ausgestaltung des Marketing-Mixes.

Hauptaufgabe des Deliver-Prozesses ist es, die Bedürfnisse der IT-Leistungsabnehmer in interne Anforderungen an die IT-Leistungserstellung zu transformieren.

Dem Deliver-Prozeß kommt eine Vermittlerfunktion zu zwischen dem Make-Prozeß des Leistungserbringers, innerhalb dessen die für die IT-Produkte erforderlichen IT-Leistungen gestaltet und hergestellt werden, und dem Source-Prozeß des Leistungsabnehmers, der für den Einkauf der IT-Produkte zuständig ist (siehe Abb. 43). Während der Schnittstelle zum Leistungsabnehmer eine geschäftliche Sichtweise zugrunde liegt, ist die interne Schnittstelle zum Make-Prozeß geprägt von einer technischen Sicht. Eine zentrale Leistung des Deliver-Prozesses besteht somit darin, die Kunden- und Marktanforderungen aus geschäftlicher Sicht in die technische Sicht der IT-Leistungserstellung zu transformieren und vice versa.

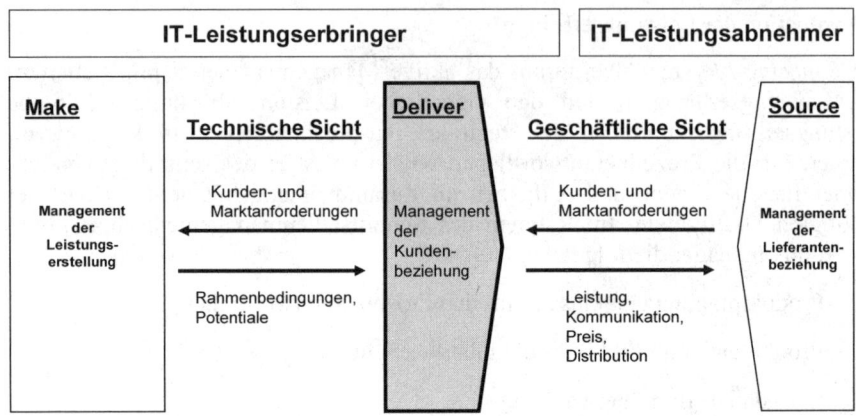

Abb. 43. Vermittlerfunktion des Deliver-Prozesses zwischen Leistungserbringung und Leistungsabnahme

Im Rahmen des Deliver-Prozesses müssen zu diesem Zweck die Kunden- und Marktanforderungen identifiziert werden. Auf dieser Grundlage ist zum einen das Angebot an den Leistungsabnehmer und zum anderen die interne Leistungserstellung zu gestalten. Aufgabe des Deliver-Prozesses ist es, das konkrete Produktangebot am Markt zu gestalten und die interne Leistungserstellung frühzeitig und umfassend über die Kunden- und Marktanforderungen zu informieren.

Der Beziehung zwischen Leistungserbringer und Leistungsabnehmer liegt eine rein geschäftliche Sichtweise zugrunde. Die Leistungsabnehmer haben keinen Einfluß auf die technische Gestaltung der in einem IT-Produkt enthaltenen IT-Leistungen.

Der Deliver-Prozeß erhält aus dem Make-Prozeß heraus Informationen über interne Rahmenbedingungen und Potentiale der IT-Leistungserstellung, die für die Gestaltung des Produktangebots an den Kunden wichtig sind. Hierzu zählen beispielsweise Informationen über Entwicklungskapazitäten, Produktionskapazitäten, das aktuelle Leistungsprogramm und zukünftige technologische Entwicklungen.

Im folgenden werden die zentralen Aufgaben des Deliver-Prozesses, unterteilt in Delivery-Strategie, Delivery-Planung und Delivery-Steuerung, beschrieben (siehe Abb. 44).

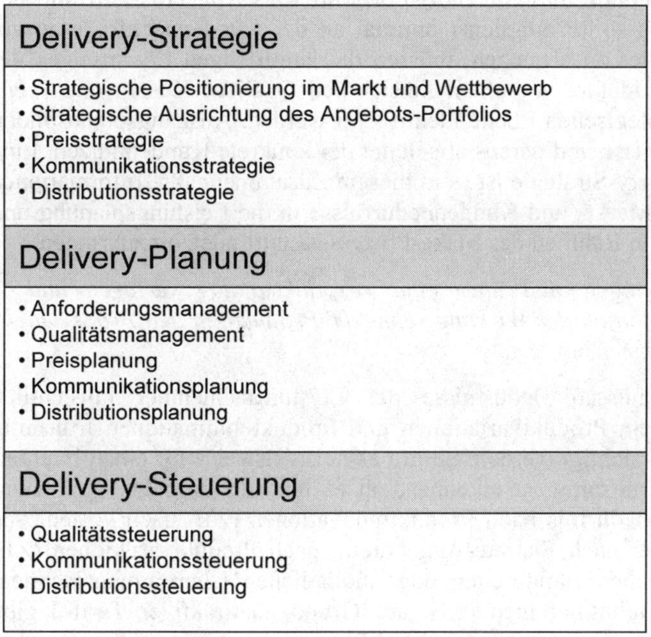

Delivery-Strategie
• Strategische Positionierung im Markt und Wettbewerb • Strategische Ausrichtung des Angebots-Portfolios • Preisstrategie • Kommunikationsstrategie • Distributionsstrategie
Delivery-Planung
• Anforderungsmanagement • Qualitätsmanagement • Preisplanung • Kommunikationsplanung • Distributionsplanung
Delivery-Steuerung
• Qualitätssteuerung • Kommunikationssteuerung • Distributionssteuerung

Abb. 44. Aufgaben innerhalb des Deliver-Prozesses

3.2.3.1 *Delivery-Strategie*

Die Delivery-Strategie legt die Stellung des IT-Leistungserbringers im Markt und Wettbewerb fest und sorgt für eine marktgerechte Ausrichtung seines Absatzpro-gramms. Dabei spielt es keine Rolle, ob dieser Markt durch die Governance-Regeln nur von internen oder auch von externe IT-Leistungserbringern gebildet wird. Ein weiteres Ziel bildet der Aufbau und Unterhalt langfristiger, stabiler Beziehungen mit den Leistungsabnehmern. Innerhalb der Delivery-Strategie sind die folgenden Aufgaben wahrzunehmen:

• *Strategische Positionierung im Markt und Wettbewerb*: Im Vordergrund steht die Bestimmung der relevanten Markt-, Kunden- und Wettbewerbssegmente des Leistungserbringers. Zu ihrer Bestimmung müssen Umfeldanalysen im Hinblick auf Märkte, Kunden und Wettbewerber durchgeführt werden. Für die Umfeldanalyse steht eine Vielzahl etablierter Methoden zur Verfügung, beispielsweise Szenarioanalysen, Konkurrenzanalysen, Benchmarking, SWOT-Analysen, Portfoliotechniken, Balanced Scorecards, Frühaufklärung oder Marktforschung. Alle diese Instrumente können eingesetzt werden, um den Leistungserbringer zu positionieren.

- *Strategische Ausrichtung des Angebots-Portfolio*: Das Angebots-Portfolio des Leistungserbringers sollte möglichst optimal an der Kundennachfrage ausgerichtet sein. Um dies zu erreichen, müssen die langfristigen Erwartungen der Kunden an die Produkte, vor allem hinsichtlich Qualität, Kosten und Preis, bereits auf der strategischen Ebene identifiziert werden. Ausgangspunkt bilden die Kundenbedürfnisse und daraus abgeleitet der konkrete Kundennutzen. Eine Aufgabe der Delivery-Strategie ist es in diesem Zusammenhang, Informationen über die externen Markt- und Kundenbedürfnisse in die Leistungsplanung und -entwicklung, die im Rahmen des Make-Prozesses stattfindet, einzubringen.

  Der Leistungserbringer muß über einen Produktkatalog verfügen und Transparenz hinsichtlich der Wirkung seiner IT-Produkte in den Prozessen der Leistungsabnehmer besitzen.

  Darüber hinaus müssen Bedürfnisse der Leistungsabnehmer hinsichtlich Produktinnovationen, Produktvariationen und Produkteliminationen frühzeitig erkannt und berücksichtigt werden. So gilt es beispielsweise für einen Internet-Service-Provider frühzeitig zu erkennen, ob es für sein Produkt "Internetzugang" ein Kundenbedürfnis nach Produktinnovationen (z.B. nach kostenlosen Zusatzdiensten oder nach Flatrate-Angeboten), nach Produktvariationen (z.B. nach unterschiedlichen Bandbreiten oder monatlichen Übertragungsmengen) oder nach Produkteliminationen (z.B. auf Grund unattraktiver Tarife) gibt. Derartige Bedürfnisse sollten in einer Modifikation der Absatzstrategie und in neuen Produkten resultieren.

- *Preisstrategie*: In Übereinstimmung mit der Strategie des IT-Bereichs, sind Fragen der Preispositionierung, Preisdifferenzierung, Preislogik und Preisbündelung zu adressieren [Sebastian/Maessen 2003]. Die Festlegung der strategischen Preispositionierung des Leistungserbringers kann beispielsweise in einer Positionierung als Hoch- oder Niedrigpreisanbieter münden. Insbesondere, wenn die Geschäftsbereiche dazu neigen, IT-Leistungen selbst herzustellen, kommt der Preisstrategie auch die Rolle einer strategischen Steuerung des Make-or-Buy zu. Bei der Wahl einer Strategie sind sowohl Marktaspekte (ist z.B. ein anvisiertes Marktsegment überhaupt geeignet für eine Niedrigpreisstrategie?) als auch interne Aspekte (kann z.B. die mit einer Niedrigpreisstrategie zwingend verbundene Kostenführerschaft mit dem derzeitigen Leistungserstellungsprozeß überhaupt erreicht werden?) zu berücksichtigen. Im Rahmen einer Strategie zur Preisdifferenzierung ist zu bestimmen, inwieweit unterschiedliche Zahlungsbereitschaften einzelner Kundensegmente für die Gestaltung kundenindividueller Preise genutzt werden können. Die Preislogik legt die Einstiegspreise, die Preisabstufungen, die Anzahl von Preisalternativen und das Preisbildungsverfahren fest. Letzteres spielt insbesondere für die Beziehung eines Leistungserbringers zu seinen internen Kunden eine Rolle. Mit Preisbündelungsstrategien werden mehrere Produkte zu einem Paketpreis angeboten. Dies kann nicht nur dazu dienen, die Preistransparenz und Preissensitivität beim Kunden zu verringern, sondern auch den Kunden dazu bewegen, in der Summe einen höheren Preis zu bezahlen. Ein unternehmensinterner IT-

Leistungserbringer muß seine Preisstrategie im Rahmen der IT-Governance abstützen.

- *Kommunikationsstrategie*: Die Kommunikationsstrategie bestimmt die Kommunikationsziele und Zielgruppen des Leistungserbringers. Sie legt des weiteren die grundlegenden Kommunikationsinstrumente in den Bereichen Werbung, Verkaufsförderung und Öffentlichkeitsarbeit fest.

Durch eine aktive Kommunikationsstrategie wird der Leistungsabnehmer über die Zielsetzungen und Leistungsfähigkeit des Leistungserbringers informiert.

Auch interne IT-Leistungserbringer müssen ein aktives Marketing betreiben. Die Aufwendungen hierfür werden intern häufig in Frage gestellt, da die Leistungsabnehmer befürchten, daß durch ein internes Marketing die qualitativ schlechten IT-Produkte des internen Leistungserbringers in ein besseres Licht gerückt werden sollen.

Ein internes Marketing fördert die Kommunikation zwischen Leistungserbringer und Leistungsabnehmer. Der Nutzen eines internen Marketings für beide Seiten muß aktiv kommuniziert werden. Er liegt vor allem in einer besseren gemeinsamen Planung und Zusammenarbeit.

- *Distributionsstrategie*: Im Rahmen der Distributionsstrategie werden die Rahmenbedingungen dafür definiert, wie und über welche Wege die Produkte für die Kunden verfügbar gemacht werden sollen. Für externe IT-Leistungserbringer bildet die Vertriebsstrategie ein zentrales Element der Distributionsstrategie. Die Vertriebsstrategie legt fest, welche Vertriebsmodelle einzusetzen sind (z.B. einstufiger oder mehrstufiger Vertrieb) und welche Vertriebsform zu wählen ist (z.B. selektiver oder exklusiver Vertrieb). Darüber hinaus definiert sie, wie die Vertriebspartner unterstützt werden, beispielsweise durch Push- oder Pull-Aktivitäten.

Die Art der vertriebenen Produkte hat großen Einfluß auf die Distributionsstrategie, insbesondere auch im Bereich der Logistik. IT-Produkte bestehen in der Regel sowohl aus physischen Komponenten als auch aus immateriellen Komponenten, die elektronisch verteilt werden können. Ihr jeweiliger Anteil am Gesamtprodukt variiert jedoch stark. So beinhaltet ein IT-Produkt "Desktop-Service" umfangreiche physische Elemente, z.B. die Installation eines PC am Arbeitsplatz, die Verlegung von Netzwerkanschlüssen, die Bereitstellung von Druckern und einen Vor-Ort-Support. Ein IT-Produkt "Internetbasierte Fahrplanauskunft" erfordert dahingegen, wenn überhaupt, nur geringe dezentrale physische Elemente, die durch den Leistungserbringer bereitzustellen sind.

Zur Distributionsstrategie gehört auch die Entwicklung von Strategien für Service-Stützpunkte und Niederlassungen, für den Transport und die Auslieferung physischer Produktkomponenten und für Kooperationsszenarien zur Zusammenarbeit mit Vertriebspartnern.

3.2.3.2 Delivery-Planung

Die innerhalb der Delivery-Strategie definierten grundlegenden Rahmenbedingungen sind in der Delivery-Planung zu konkretisieren und mit Zielsetzungen zu
hinterlegen. Die Delivery-Planung sollte aus diesem Grund die folgenden Aufgaben umfassen:

- *Anforderungsmanagement*: Das Produkt-Portfolio eines Leistungserbringers
  muß an den Kundenanforderungen ausgerichtet sein.

  *Die exakte Identifikation und Spezifikation der Kundenanforderungen ist
  eine Grundvoraussetzung für die Gestaltung der IT-Produkte und deshalb
  die Basis für ein wirkungsvolles Portfolio-Management.*

  In der Regel erfolgt die Spezifikation in Form einer Anforderungsanalyse.
  Während diese Aufgabe heute in der Praxis meist von den IT-Entwicklungsbe-
  reichen übernommen wird, ist sie innerhalb des integrierten Informationsmanagements ein zentrales Element der Delivery-Planung. Nur so kann sichergestellt
  werden, daß eine einheitliche, geschäftsorientierte Sichtweise des Leistungserbringers für das Anforderungsmanagement eingenommen wird und daß im
  Rahmen der Anforderungsanalyse alle Teilbereiche der Leistungserstellung
  gleichberechtigt berücksichtigt werden. Die Kundenanforderungen an ein IT-
  Produkt ändern sich im Laufe der Nutzung häufig.

  *Das Anforderungsmanagement für IT-Produkte ist eine kontinuierliche,
  dauerhafte Tätigkeit und keine projektbezogene, punktuelle Aufgabe.*

- *Qualitätsmanagement*: Die übergeordneten Ziele des IT-Qualitätsmanagements
  liegen in der Definition der kundenspezifisch zugesicherten Qualitätseigenschaften der IT-Produkte, der Überwachung des aktuellen Qualitätsgrads und
  der Berichterstattung.

  *Das Qualitätsmanagement kann produktbezogen in Form von Service Level
  Agreements (SLA) umgesetzt werden.*

  Ein Service Level entspricht den Qualitätsmerkmalen eines Produktes, gegebenenfalls auch differenziert nach Kunden. Es können sowohl technische Qualitätsmerkmale, z.B. Verfügbarkeitsgrade, Antwortzeiten oder Kapazitäten, als
  auch kundenbezogene Qualitätsmerkmale, wie z.B. Kosteneinsparungen,
  Nutzeneffekte oder Kundenzufriedenheiten, vereinbart werden. Um überhaupt
  mit bestehenden und neuen Kunden über den Abschluß von SLA verhandeln zu
  können, müssen die Kunden vorab möglichst umfassend über das Produktangebot des Leistungserbringers informiert werden. Aus diesem Grund ist die Definition und Umsetzung eines IT-Produktkatalogs eine erste Kernaufgabe innerhalb des Qualitätsmanagements. Viele IT-Leistungserbringer tun sich mit dieser
  Aufgabe schwer, da nur wenige Erfahrungswerte vorliegen und eine hohe
  Unsicherheit hinsichtlich der konkreten Gestaltung eines Produktkatalogs
  besteht. Dies gilt beispielsweise für die Gestaltung der Katalogstruktur und die
  Art und Form der Inhalte, die für ein Produkt im Katalog zu beschreiben sind.

Aufbauend auf einem Produktkatalog läßt sich der Prozeß des IT-Qualitäts-managements in drei Phasen unterteilen, die einen Kreislauf bilden:

Umsetzung neuer Qualitätsmerkmale: In einem ersten Schritt sind die Quali-tätsmerkmale der IT-Produkte gemeinsam mit den Kunden zu entwerfen. Die in der Anforderungsanalyse zusammengefaßten Kundenanforderungen bilden die Grundlage für die Qualitätsmerkmale und sind gleichzeitig ein zentraler Input für das Portfolio-Management innerhalb des Make-Prozesses, in dem die interne Planung der IT-Leistungen erfolgt. Liegt ein SLA im Entwurf vor, ist dieser in einem zweiten Schritt mit dem Kunden zu verhandeln und im Falle einer Einigung abzuschließen.

Management der laufenden Produktqualität: Alle vereinbarten Qualitätsmerk-male müssen laufend überwacht und evaluiert werden. Diese operative Aufgabe ist Teil der Delivery-Steuerung und wird weiter unten beschrieben.

Periodische Bewertung der Produktqualität: Bestehende Vereinbarungen und Verträge müssen regelmäßig überprüft und angepaßt werden. Die im Rahmen der Überwachung gewonnen Erkenntnisse und Auswertungen über einzelne Kunden- und Vertragsbeziehungen bilden dabei die Grundlage für die Überprü-fung.

- *Preisplanung*: Während die Preisstrategie den grundlegenden Gestaltungsrah-men der Preispolitik festlegt, sind in der Preisplanung produkt- und kundenspe-zifische Preise zu definieren. Die Ergebnisse der Preisplanung bilden einen wichtigen Input für das Qualitätsmanagement, insbesondere im Rahmen der Entwurfs- und Verhandlungsphase neuer SLA. Für neue Produkte müssen in der Preisplanung beispielsweise Preiskalkulationen durchgeführt, Marktpreise ermittelt und Gewinnmargen definiert werden. Preispolitische Maßnahmen, wie z.B. Preisnachlässe, Preiszuschläge oder Zugaben, sind ebenfalls zu analysie-ren. Preise für bestehende Produkte sind regelmäßig zu überprüfen und geän-derten Rahmenbedingungen sowohl internen als auch externen Ursprungs anzupassen. Die konkreten Liefer-, Zahlungs- und Finanzierungsbedingungen sind zu definieren.

  Internen IT-Leistungserbringern steht in der Regel ein vorab bestimmtes Budget zur Verfügung, welches den Handlungsspielraum festlegt. Für die Budgetplanung muß der Bedarf der Leistungsabnehmer hinsichtlich der IT-Produkte bekannt sein. Insbesondere die Mengenplanung der Leistungsabneh-mer, d.h. die voraussichtlich benötigte Stückzahl eines IT-Produkts, spielt in diesem Zusammenhang eine wichtige Rolle.

- *Kommunikationsplanung*: Die Kommunikationsplanung legt die kundenspezifi-schen Kommunikationsinstrumente fest und plant deren konkrete Nutzung. So müssen beispielsweise Zielsegmente für Kommunikationsmaßnahmen be-stimmt, Kommunikationsinhalte festgelegt, Kommunikationsaktionen hinsicht-lich Start und Dauer definiert, Ressourcen geplant, Medien und Partner identi-fiziert und ausgewählt, Vertragsverhandlungen mit Kommunikationspartnern geführt und Verträge abgeschlossen werden. Darüber hinaus existieren kundenspezifische Planungsaufgaben, zu denen beispielsweise die Auswahl kunden-spezifischer Kommunikationsinstrumente, die Planung der Kundenbesuche und die Messung und Bewertung der Kundenzufriedenheit gehören.

- *Distributionsplanung*: Auf der Grundlage der Distributionsstrategie sind kon-krete Distributionsmaßnahmen zu planen. Es müssen Vertriebskanäle und Ver-triebspartner identifiziert und kontaktiert, Verhandlungen mit potentiellen Part-nern geführt und Vertriebsverträge abgeschlossen werden. Die geographische und personelle Planung der Service-Stützpunkte und -Niederlassungen ist ebenso vorzunehmen wie die Entwicklung eines Logistik-, Lagerungs- und Transportkonzeptes.

3.2.3.3   Delivery-Steuerung

Die Delivery-Strategie und -Planung wirken mit ihren Zielvorgaben gestaltend auf die Delivery-Steuerung. Diese ist für die Durchsetzung der Planvorgaben verant-wortlich, indem sie den operativen Delivery-Vorgang steuert und lenkt. Zu den Aufgaben der Delivery-Steuerung zählen:

- *Qualitätssteuerung*: Zentrale Aufgabe der Qualitätssteuerung ist es, die verein-barten Qualitätsmerkmale der IT-Produkte kontinuierlich zu überwachen. Dies gilt insbesondere für die kundenrelevanten Kosten-, Qualitäts- und Terminei-genschaften der gelieferten IT-Produkte. Die für die Überwachung notwendi-gen Messungen werden in der Regel innerhalb des Make-Prozesses, und dort vor allem innerhalb der Produktion, durchgeführt. In der Qualitätssteuerung müssen diese Meßdaten ausgewertet und in Form aussagekräftiger Berichte aufbereitet werden.

  Auswertungen und Berichte sind kundengerecht zu gestalten, d.h. mit ge-schäftsorientierten und nicht-technischen Kennzahlen und Größen zu versehen.

  Häufig wird den Leistungsabnehmern eine Vielzahl technischer Meßgrößen präsentiert, die für sie nur eine geringe Aussagekraft besitzen. Bereits im Rah-men des Qualitätsmanagements sind aus diesem Grund, gemeinsam mit den Leistungsabnehmern, die Vorgaben für die Berichterstattung zu definieren, die dann im Rahmen der Qualitätssteuerung erfolgt. Werden Qualitätsmerkmale nicht eingehalten, ist die Qualitätssteuerung für die Initiierung von Verbesse-rungsmaßnahmen, sowohl interner als auch externer Art, verantwortlich. Zu den operativen Aufgaben der Qualitätssteuerung gehört darüber hinaus auch die Abrechnung und Fakturierung der verkauften Produkte.

- *Kommunikationssteuerung*: An dieser Stelle erfolgt die Steuerung segment- und kundenspezifischer Kommunikationsinstrumente. Zu den segmentspezifischen Aktivitäten zählen beispielsweise die Überwachung von Werbeaktionen, die Messung und Auswertung der Kommunikationsqualität und die Berichterstat-tung über den Erfolg von Kommunikationsmaßnahmen. Kundenspezifisch sind die bereits in der Kommunikationsplanung aufgeführten Maßnahmen, wie z.B.

Kundenbesuche oder Kunden-Events, hinsichtlich Kosten und Qualität zu messen und auszuwerten. Auch Instrumente zur Überwachung des Kundenverhaltens können in diesem Zusammenhang zum Einsatz kommen.

• *Distributionssteuerung*: Im Rahmen der Distributionssteuerung sind die geplanten Vertriebs- und Logistikkonzepte kontinuierlich zu überwachen. Störungen oder Fehlentwicklungen sollten frühzeitig erkannt und durch Verbesserungsmaßnahmen beseitigt werden.

Ein IT-Leistungserbringer muß sowohl die Distribution seiner IT-Produkte als auch der dezentralen Komponenten der IT-Produktionsinfrastruktur überwachen und steuern.

Die Distribution der IT-Produkte ist mengen- und zeitmäßig zu überwachen. Die Qualitätseigenschaften der Distribution sind im Rahmen des Qualitätsmanagements den IT-Produkten zugeordnet. Neben der Distribution der eigentlichen IT-Produkte spielt im Bereich der IT auch die Distribution der dezentralen Komponenten der IT-Produktionsinfrastruktur eine zentrale Rolle. Um den Leistungsabnehmern überhaupt IT-Produkte liefern zu können, müssen beispielsweise Arbeitsplatzsysteme, Netzwerke oder Drucker physisch installiert werden.

3.2.4 Make

Der Make-Prozeß ist für das Management der IT-Leistungserstellung verantwortlich. Während innerhalb des Deliver-Prozesses die an die Leistungsabnehmer abzusetzenden IT-Produkte im Mittelpunkt stehen, konzentriert sich der Make-Prozeß auf die Planung, Entwicklung und Produktion der für die Produkte erforderlichen IT-Leistungen. Es dominiert somit die interne Sicht des IT-Leistungserbringers.

Der Make-Prozeß läßt sich in drei Teilbereiche untergliedern, die sich, am Prozeß der industriellen Leistungserstellung orientieren (siehe auch Bsp. 8):

• Portfolio-Management (Management des Leistungsprogramms),

• Entwicklungsmanagement (Management der Leistungsgestaltung),

• Produktionsmanagement (Management der Leistungsherstellung).

Bsp. 8. Prozeß der industriellen Leistungserstellung

Der Prozeß der industriellen Leistungserstellung läßt sich gemäß Abb. 45 in die zwei Hauptaufgaben der Programmplanung und Auftragsabwicklung unterteilen. Er unterliegt den bereits in Kapitel 2.3 beschriebenen Zielgrößen und setzt verschiedene Produktionsmittel ein. Im Mittelpunkt der Programmplanung steht die Planung und Steuerung des Fertigungs- und Absatzprogramms, d.h. der Summe aller gefertigten Leistungen. Die Programmplanung umfaßt strategische Aufgaben, wie z.B. die Ausrichtung des Leistungssortiments, taktische Aufgaben, wie die Konkretisierung einzelner Leistungen, und operative Aufgaben, wie die Festlegung von Art, Menge und Qualität der in einer Periode zu fertigenden Leistungen.

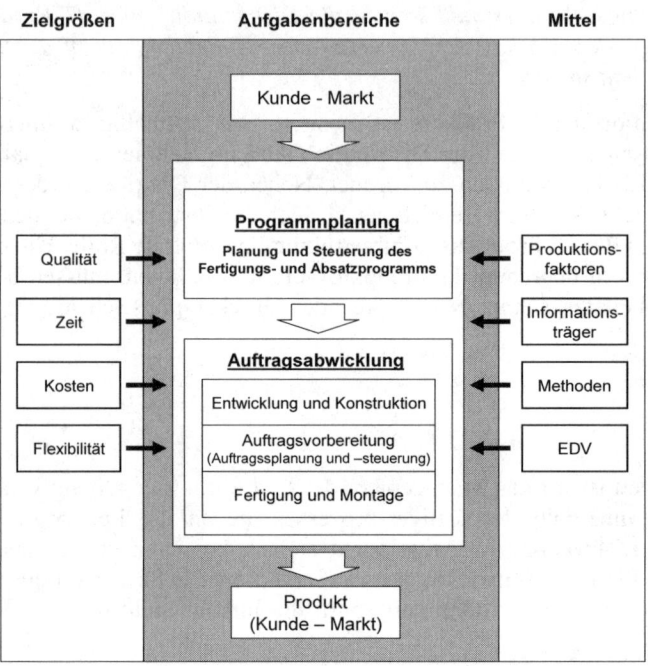

Abb. 45. Industrieller Prozeß der Leistungserstellung (in Anlehnung an [Eversheim 1990])

Der Prozeß der Auftragsabwicklung setzt sich aus den drei Hauptaufgaben der Entwicklung/Konstruktion, Auftragsvorbereitung und Fertigung/Montage zusammen. Die konkrete Ausgestaltung des Prozesses muß sich dabei den Marktanforderungen anpassen. So unterscheidet sich beispielsweise die Auftragsabwicklung eines Programmfertigers, der Standardprodukte für den Massenmarkt fertigt (z.B. Herstellung von Desktop-Services), von der eines Auftragsfertigers, der auf der Basis von Einzelaufträgen kundenspezifische Produkte herstellt (z.B. Herstellung von Auswertungen aus einem Data Warehouse).

Interessant ist in diesem Zusammenhang die Feststellung, daß sich die Auftragsvorbereitung als Aufgabe innerhalb der IT-Leistungserstellung bis heute in der Praxis, wenn überhaupt, nur im Bereich der Großrechner etabliert hat. Die Auftragsvorbereitung bildet das Bindeglied zwischen der Entwicklung und der Fertigung. Ihr Ziel ist es, die Herstellung der Leistungen mit einer optimalen Realisation aller Fertigungsprozesse sicherzustellen. Es verwundert nicht, daß das Fehlen einer Auftragsvorbereitung in der IT-Leistungserstellung vor allem zu einer mangelnden Abstimmung zwischen Entwicklung und Produktion führt. Einen Schwerpunkt des integrierten Informationsmanagements bildet aus diesem Grund die Definition und Umsetzung der Aufgaben der Arbeitsvorbereitung innerhalb des Prozesses der IT-Leistungserstellung, vor allem im Rahmen der Produktionsplanung und -steuerung.

Von zentraler Bedeutung ist eine integrierte, outputorientierte Betrachtung der drei Teilbereiche des Make-Prozesses. Den Output des Make-Prozesses stellen die IT-Leistungen dar. Das Zusammenspiel der drei Teilbereiche ist eine Grundvoraussetzung dafür, daß diese Leistungen die Gestaltung markt- und kundengerechter Produkte ermöglichen. Kein Teilbereich ist alleine hierzu in der Lage. Beispielsweise kann eine aus Sicht der Entwicklung hervorragend gestaltete Leistung durch die Nichtberücksichtigung von Produktionsanforderungen zu Qualitäts- und Kostenproblemen in der Herstellung führen, die sich unmittelbar beim Leistungsabnehmer bemerkbar machen. Ein schlechtes Portfolio-Management wiederum kann, trotz einer hervorragenden Entwicklung und Produktion, zur Herstellung von Leistungen führen, die keinen Kundennutzen erzeugen und die sich daher nicht in ausreichenden Mengen absetzen lassen. Nur wenn die Aufgaben innerhalb der drei Teilbereiche aufeinander abgestimmt sind und ganzheitliche Managementprozesse existieren, lassen sich derartige Probleme vermeiden. Im folgenden wird bei der Beschreibung der drei Teilbereiche des Make-Prozesses daher immer wieder auf die Beziehungen untereinander und zu den anderen Prozessen des IIM-Modells eingegangen.

Der heute dominierende Plan-Build-Run-Ansatz der IT-Leistungserstellung spiegelt sich in den drei Teilbereichen des Make-Prozesses wieder. Berücksichtigt man darüber hinaus jedoch die Unterteilung des Make-Prozesses in eine strategische, planerische und steuernde Handlungsebene (siehe Abb. 36), so ergibt sich ein wesentlicher Unterschied. In der unternehmerischen Praxis führt der Plan-Build-Run-Ansatz dazu, daß die Planung in erster Linie strategisch, die Entwicklung vor allem planerisch und die Produktion vor allem operativ agieren. Abb. 46 zeigt, daß als Konsequenz eine Reihe von Aufgabenfeldern innerhalb des Make-Prozesses unberücksichtigt bleibt. Innerhalb des integrierten Informationsmanagements steht dahingegen die vertikale und horizontale Integration der Aufgaben im Vordergrund.

 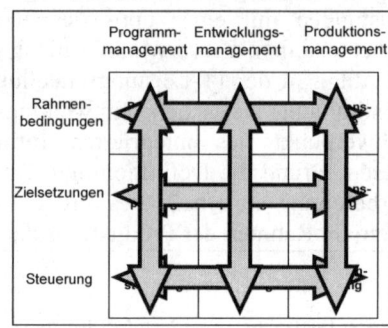

Abb. 46. Schwerpunkte des Plan, Build, Run und des integrierten Informationsmanagements

3.2.4.1 Portfolio-Management

Im Rahmen des Portfolio-Managements wird das durch den Leistungserbringer angebotene Leistungsprogramm, d.h. die Summe aller Einzelleistungen, gestaltet. Für viele IT-Leistungserbringer ist die aktive Formulierung eines Leistungsprogramms eine neue Aufgabe. Fragen wie "in welchen Leistungssegmenten sollten wir tätig sein?", "wie sieht unser derzeitiges Leistungsprogramm aus?", "welche Strategie müssen wir verfolgen, um unser angestrebtes Ziel-Portfolio zu erreichen?" oder "in welchen Leistungssegmenten sind wir überhaupt wettbewerbsfähig?" sind für sie eher ungewohnt (siehe hierzu auch [Dietrich/Schirra 2004]).

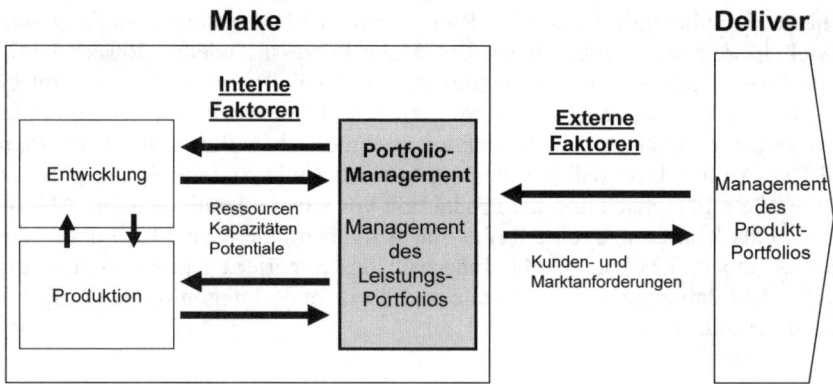

Abb. 47. Abgrenzung von Portfolio-Management und Deliver-Prozeß

Obwohl das Portfolio-Management in einer engen Wechselwirkung mit dem Deliver-Prozeß steht und eine Vielzahl von Schnittstellen zwischen beiden Prozessen existiert, ist es wichtig, die unterschiedlichen Sichtweisen beider Prozesse hervorzuheben (siehe Abb. 47). Dem Deliver-Prozeß liegt eine externe Sicht zugrunde, die geprägt ist von Markt- und Kundenanforderungen. Entsprechend konzentriert sich der Deliver-Prozeß auf die Gestaltung des Absatz-Portfolios, in dem die IT-Produkte enthalten sind. Diese externe Sicht spielt natürlich auch innerhalb des Portfolio-Managements eine Rolle, dieses muß aber darüber hinaus interne Faktoren aus der Entwicklung und Produktion berücksichtigen.

Das Portfolio-Management hat die Aufgabe, das Leistungsprogramm, d.h. die Summe aller IT-Leistungen eines Leistungserbringers, zu gestalten und zu steuern.

Externe und interne Faktoren bilden gemeinsam die Vorgaben für das Portfolio-Management. Informationen aus dem Deliver-Prozeß fließen in das Portfolio-Management ein und vice versa.

Die Aufgaben des Portfolio-Managements lassen sich in gewohnter Weise entlang einer strategischen, planerischen und steuernden Ebene klassifizieren (siehe Abb. 48).

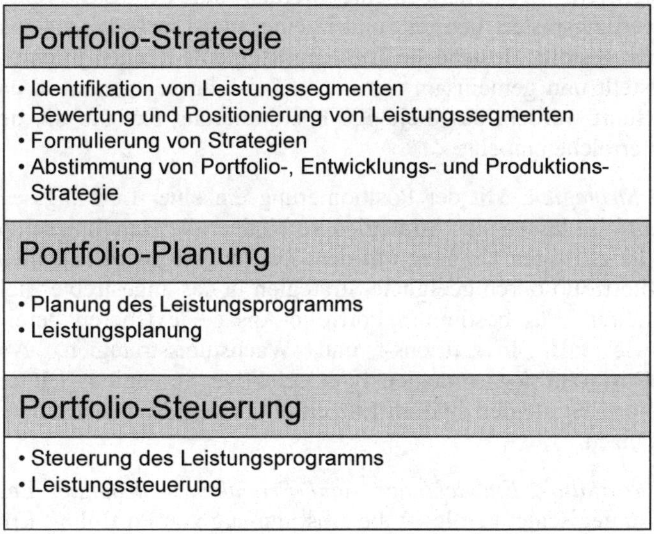

Portfolio-Strategie

- Identifikation von Leistungssegmenten
- Bewertung und Positionierung von Leistungssegmenten
- Formulierung von Strategien
- Abstimmung von Portfolio-, Entwicklungs- und Produktions-
  Strategie

Portfolio-Planung

- Planung des Leistungsprogramms
- Leistungsplanung

Portfolio-Steuerung

- Steuerung des Leistungsprogramms
- Leistungssteuerung

Abb. 48. Aufgaben innerhalb des Portfolio-Managements

Portfolio-Strategie

Die Portfolio-Strategie definiert die Strategie für das Leistungsportfolio des IT-Leistungserbringers. Die Strategieentwicklung folgt dem Prozeß der strategischen Planung. Sie muß auf Dauer ertragskräftige Leistungssegmente identifizieren und einen Orientierungs- und Gestaltungsrahmen für die Portfolio-Planung und Portfolio-Steuerung definieren [Schweitzer 1994]. Im Sinne einer Rahmenplanung legt sie langfristig den gesamten Aktionsbereich des Leistungserbringers fest. Die Portfolio-Strategie konzentriert sich dabei auf Leistungssegmente und nicht auf einzelne, konkrete Leistungen. Sie umfaßt die folgenden Aufgaben:

- *Identifikation von Leistungssegmenten*: Es sind diejenigen Leistungssegmente zu identifizieren, die einen langfristigen Markterfolg versprechen. Zu diesem Zweck werden sowohl Markt- und Kundeninformationen aus der Delivery-Strategie, wie z.B. Kundensegmente, Marktanalysen oder Bedarfsprognosen, als auch Informationen aus der Entwicklungs- und Produktions-Strategie, z.B. hinsichtlich technologischer Innovationen, neuer Entwicklungs- und Produktionsverfahren oder technologischer und organisatorischer Rahmenbedingungen, benötigt.

- *Bewertung und Positionierung von Leistungssegmenten*: Die identifizierten Leistungssegmente sind in einem zweiten Schritt zu bewerten und gegeneinander zu positionieren. Hierzu wird in der Regel auf die Methode der Portfolio-Analyse zurückgegriffen. Leistungssegmente werden auf der Basis eines vorgegebenen Bewertungsrasters beurteilt und in einer meist mehrdimensionalen Matrix gegenübergestellt. Bestehende Leistungssegmente können in einem Ist-Portfolio dargestellt und gemeinsam mit neuen Leistungssegmenten in ein Ziel-Portfolio überführt werden, das diejenige Positionierung festhält, die der Leistungserbringer erreichen möchte.

- *Formulierung von Strategien*: Mit der Positionierung einzelner Leistungssegmente in einem Portfolio lassen sich Strategien verbinden, die Handlungsempfehlungen für den langfristigen Umgang mit dem Leistungssegment enthalten. Ziel ist es, das Ist-Portfolio durch geeignete Strategien in das angestrebte Ziel-Portfolio zu überführen. Für bestimmte Portfolio-Ansätze existieren bereits Norm-Strategie, wie z.B. Investitions- und Wachstumsstrategien, Abschöpfungs- und Desinvestitionsstrategien oder selektive Strategien [Hinterhuber 1992]. Die Norm-Strategien sind im Einzelfall durch individuelle Strategieelemente zu ergänzen.

- *Abstimmung von Portfolio-, Entwicklungs- und Produktions-Strategie*: Entscheidend für den strategischen Erfolg ist die Abstimmung von Portfolio-, Entwicklungs- und Produktionsstrategie, da sich alle drei Strategien wechselseitig beeinflussen. Erkennt ein Leistungserbringer beispielsweise auf Grund einer in der Delivery-Strategie durchgeführten Umfeldanalyse eine verstärkte Nachfrage seiner Kunden nach Internet-Lösungen, so kann dies dazu führen, daß im Rahmen der Delivery-Strategie entschieden wird, ein Produktsegment "Internet-Lösungen" aufzubauen (siehe Abb. 49). Für die Portfolio-Strategie hat dies zur Konsequenz, daß beispielsweise zwei Leistungssegmente "Internetzugang" und "E-Mail-Service" strategisch aufgebaut werden müssen. Diese Entscheidung wiederum hat unmittelbare Auswirkungen auf die Entwicklungs- und Produktions-Strategie. Eine geeignete Entwicklungs-Strategie könnte lauten, die Entwicklung internetbasierter Lösungen auf der Basis des Microsoft .NET Frameworks vorzunehmen. Dies ist jedoch nur dann sinnvoll, wenn auch in der Produktions-Strategie der verstärkte Einsatz Intel-/Microsoft-basierter Serverplattformen verankert ist.

In der Praxis findet eine derartige prozeßübergreifende strategische Abstimmung nur selten statt. Statt dessen werden beispielsweise in der Entwicklung Architektur- und Plattformentscheidungen getroffen, ohne die Auswirkungen auf die Produktion zu berücksichtigen. Oder in der Produktion werden überflüssige Kapazitäten aufgebaut, weil die Portfolio-Strategie nur unzureichend bekannt ist.

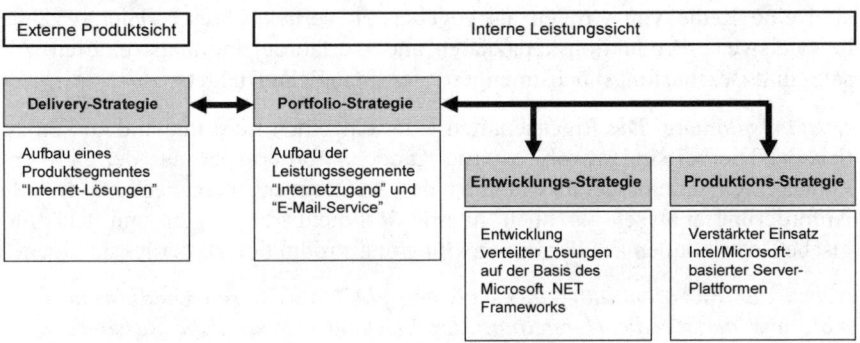

Abb. 49. Abstimmung von Delivery-, Portfolio-, Entwicklungs- und Produktions-Strategie

Portfolio-Planung

Die in der Portfolio-Strategie identifizierten Leistungssegmente sind im Rahmen der Portfolio-Planung zu konkretisieren, indem das optimale Leistungsprogramm geplant wird und die einzelnen Leistungen definiert werden. Die Portfolio-Planung setzt sich aus diesem Grund aus den folgenden beiden Aufgaben zusammen:

- *Planung des Leistungsprogramms*: Die Planung des Leistungsprogramms findet auf einer taktischen und einer operativen Ebene statt. Auf taktischer Ebene sind die wesentlichen Zielsetzungen hinsichtlich des Leistungsprogramms zu planen. So gilt es beispielsweise, die folgenden Fragen zu beantworten [Schweitzer 1994]: Welche Leistungen und Leistungsvarianten sind in welchen Mengen in welchen Zeiträumen selbst zu fertigen oder fremd zu beziehen? Welche neuen Leistungen sind in welchen Mengen in welchen Zeiträumen in das Leistungsprogramm aufzunehmen? Welche Produktionsanlagen sind in welcher Zahl in welchen Zeiträumen neu zu beschaffen? Welche Leistung soll in welchem Zeitraum entwickelt werden? Wie ist ein finanzielles Budget für Investitionen und neue Leistungen zu verwenden? Werden die Absatzobergrenzen für die Leistungen in den jeweiligen Zeiträumen erreicht oder unterschritten?

Die Antwort auf diese Fragen resultiert in der Praxis in einem dynamischen Optimierungsproblem, da sowohl absatzseitige Faktoren (z.B. Nachfragebedarfe und Produktlebenszyklen) als auch interne Faktoren (z.B. Entwicklungs-, Produktions-, Budget- und Beschaffungsrestriktionen) zu berücksichtigen sind.

Die operative Leistungsplanung definiert für einen vorgegebenen Zeitraum (z.B. für einen Monat oder ein Jahr) das genaue Produktionsprogramm. Sie legt Art, Qualität und Menge der zu produzierenden Leistungen fest.

Das Ergebnis ist ein präzise formulierter Produktionsauftrag für den entsprechenden Zeitabschnitt. Bei der operativen Planung des Leistungsprogramms sind eine Reihe von Größen als gegeben zu berücksichtigen. Hierzu zählen beispielsweise Produktionskapazitäten und -verfahren, Produktstrukturen, Absatz- und Beschaffungshöchstmengen oder finanzielle Budgets.

* *Leistungsplanung*: Die Eigenschaften jeder einzelnen Leistung sind zu konkretisieren. Hierbei sind sowohl externe Kundenanforderungen aus der Delivery-Planung, vor allem die im Rahmen des Anforderungsmanagements erstellte Anforderungsanalyse, als auch interne Rahmenbedingungen und technologische Restriktionen aus der Entwicklung und Produktion zu berücksichtigen.

Neben der Funktionalität einer Leistung sind auch deren Qualitätsmerkmale und der für die Herstellung der Leistung erforderliche Ressourceneinsatz zu planen.

Eine Entscheidung über die Fertigungstiefe, d.h. darüber, welche Teile der Leistung selber gefertigt und welche fremdbezogen werden, ist zu treffen und mit der Sourcing-Planung abzustimmen. Zentrales Ergebnis der Leistungsplanung ist die Beschreibung der Leistungseigenschaften in Form eines Lastenheftes. Das Lastenheft dient als Grundlage für die Erteilung eines Entwicklungsauftrags zur eigentlichen Gestaltung der Leistung.

Portfolio-Steuerung

Die Portfolio-Steuerung hat die Aufgabe, die in der Portfolio-Planung getroffenen Zielsetzungen zu überwachen und zu lenken. Sie muß insbesondere auf eine effiziente Herstellung der Leistungen achten, den nachhaltigen Nutzen der Leistungen in den Geschäftsprozessen der Leistungsabnehmer sicherstellen und die Investitionen in die IT-Infrastruktur überwachen. Analog zur Portfolio-Planung untergliedert sie sich aus diesem Grund in die folgenden beiden Hauptaufgaben:

- *Steuerung des Leistungsprogramms*: Das geplante Leistungsprogramm ist kontinuierlich zu überwachen. Die in der operativen Leistungsprogrammplanung definierten Produktionsmengen und -zeiträume unterliegen vielfältigen internen und externen Einflußfaktoren, die zu unerwarteten Abweichungen führen können. So können sich beispielsweise Verzögerungen in der Leistungsentwicklung ergeben, Produktionskapazitäten kurzfristig ausfallen oder geplante Absatzmengen sich auf Grund geänderter Marktbedingungen als unrealistisch erweisen. Abweichungen müssen möglichst frühzeitig erkannt und negative Auswirkungen durch eine Anpassung des Leistungsprogramms minimiert werden. Ist beispielsweise die Nachfrage nach einer Leistung in einem Planungszeitraum geringer als erwartet, so ist zu prüfen, ob freie Produktionskapazitäten anderweitig eingesetzt werden können. Oder erweist sich eine Leistung früher als geplant als nicht mehr wettbewerbsfähig, so müssen eventuelle Nachfolgeleistungen schneller als ursprünglich geplant, entwickelt und auf den Markt gebracht werden.

- *Leistungssteuerung*: Die einzelne Leistung muß über ihren gesamten Lebenszyklus hinweg überwacht werden. Die Leistungsüberwachung beginnt mit der Überwachung der Leistungsentwicklung. Im Sinne eines Projekt-Controllings ist der Entwicklungsfortschritt hinsichtlich Qualität, Kosten und Terminen zu überwachen. Für existierende Leistungen müssen sowohl marktbezogene Kenngrößen wie Absatzmengen und Erlöse als auch interne Kenngrößen, wie Herstellkosten und Investitionen, kontinuierlich überwacht werden. Soll-/Ist-Abweichungen können auf diese Weise schnell erkannt und Maßnahmen ergriffen werden. Erneut ist die Leistungssteuerung dabei auf absatzorientierte Inputs aus der Delivery-Steuerung und interne Inputs aus der Entwicklungs- und Produktionssteuerung angewiesen. Werden Planabweichungen, insbesondere negativer Art, identifiziert, so sind Verbesserungsmaßnahmen zu definieren und in die Wege zu leiten.

3.2.4.2   Entwicklungsmanagement

Die Entwicklung ist für die Gestaltung der Anwendungssysteme verantwortlich. Diese bilden ein zentrales Element der Produktionsinfrastruktur des IT-Leistungserbringers, da die Anwendungssysteme den Produktionsablauf steuern.

Die Funktionalität der IT-Leistungen wird maßgeblich durch die Anwendungssysteme, d.h. durch die Entwicklung, bestimmt. Über die Qualität der IT-Leistungen entscheidet dahingegen die Produktion.

Auf der Grundlage der Leistungseigenschaften, die in der Portfolio-Planung definiert und in Form eines Lastenheftes dokumentiert werden, müssen die Leistungen durch den Entwicklungsbereich konstruiert und entworfen werden. Bei IT-Leistungserbringern konzentriert sich die Entwicklung in der Praxis vor allem auf die Gestaltung der erforderlichen Anwendungssysteme.

Die Aufgaben des Entwicklungsmanagements lassen sich, analog zu den anderen Bereichen des integrierten Informationsmanagements, in strategische, planerische und steuernde Aktivitäten untereilen (siehe Abb. 50).

Entwicklungs-Strategie

- Organisation der Entwicklung
- Festlegung der Entwicklungsprinzipien und Standards
- Strategische Ausrichtung des Anwendungs-Portfolios
- Rahmenbedingungen für Entwicklungswerkzeuge und -sprachen
- Abstimmung von Portfolio-, Entwicklungs- und Produktions-Strategie

Entwicklungs-Planung

- Projektplanung
- Ressourcenplanung
- Aufwands- und Kostenplanung
- Planung des Entwicklungs-Controlling
- Abstimmung mit der technischen Planung der Produktion

Entwicklungs-Steuerung

- Steuerung der Entwicklungsvorhaben
- Steuerung der Inbetriebnahme
- Steuerung der Support-Leistungen

Abb. 50. Aufgaben innerhalb des Entwicklungsmanagements

Entwicklungs-Strategie

Die Entwicklungs-Strategie legt die langfristigen, strategischen Rahmenbedingungen für den Entwicklungsprozeß fest. Sie sollte die folgenden Aufgaben umfassen:

- *Organisation der Entwicklung*: Eingebettet in die Organisation des IT-Leistungserbringers ist im Rahmen der Entwicklungs-Strategie die Aufbau- und Ablauforganisation des Entwicklungsbereiches zu definieren. Mit der Aufbauorganisation sind beispielsweise organisatorische Positionen, Verantwortungsbereiche, disziplinarische Vollmachten sowie Qualifikationsprofile zu spezifizieren [Balzert 1998]. Da die Entwicklung stark projektgetrieben arbeitet, ist insbesondere auch die Definition von Projektformen und -strukturen eine zentrale Aufgabe. Neben der dauerhaften Aufbauorganisation erfordern Entwicklungsprojekte häufig auch temporäre aufbauorganisatorische Maßnahmen, z.B. im Rahmen einer neuen Leistungsentwicklung. Die Definition und Umsetzung dieser temporären Maßnahmen ist Teil der Entwicklungs-Planung, da sie nicht strategischer Natur ist. Von wachsender Bedeutung für die Entwicklung ist dahingegen die Strategie hinsichtlich des so genannten Offshoring, d.h. der Nutzung oder Verlagerung von Entwicklungsressourcen in Niedriglohnländer.

Neben der grundlegenden Entscheidung für oder gegen Offshoring, die oft gesamtunternehmerisch getroffen wird, muß in der Entwicklungs-Strategie insbesondere die reibungslose organisatorische Umsetzung bzw. Eingliederung der externen Entwicklungseinheiten gelöst werden.

Ablauforganisatorisch erfolgt die Entwicklung entlang eines festgelegten Vorgehens- oder Prozeßmodells. Zu diesem Zweck steht eine Vielzahl an Modellen zur Verfügung. Zu den etablierten Prozeßmodellen zählen beispielsweise das Wasserfall-Modell, das V-Modell, das Spiral-Modell, das objektorientierte Modell oder das Rapid Prototyping. Diese werden laufend ergänzt um neue Modelle, wie derzeit z.B. das Extreme Programming oder die Agile Softwareentwicklung. Im Rahmen der Entwicklungs-Strategie sind das oder die für die Entwicklung einzusetzende(n) Prozeßmodell(e) auszuwählen und an die individuellen Bedürfnisse anzupassen.

- *Festlegung der Entwicklungsprinzipien und Standards*: Der Anwendungsentwicklung liegen Entwicklungsprinzipien und Standards zugrunde, die einen Teil der Anwendungsarchitektur bilden. Entwicklungsprinzipien sind allgemein gültige Grundsätze, die für den Entwicklungsprozeß gelten. Ein derartiges anwendungsbezogenes Entwicklungsprinzip ist beispielsweise die Wahl einer Client/Server-basierten-, Host-basierten-, Web-basierten oder Service-orientierten-Architektur. Ebenfalls im Sinne eines Entwicklungsprinzips festzulegen ist, wie modular, hierarchisch oder verteilt die Anwendungsarchitektur zu gestalten ist. Die modulare Gestaltung von Anwendungsarchitekturen wird dabei zunehmend zu einem zentralen Entwicklungsprinzip, da sie eine Wiederverwendung vorgefertigter Lösungen ermöglicht.

Die Entwicklungsprinzipien müssen unter der Zielsetzung eines Design-for-Production gestaltet werden, d.h. sie müssen auf eine wirtschaftliche Produktion der IT-Leistungen hin ausgerichtet sein.

Die Entscheidung, wie mit dem Einsatz von Standardsoftware oder Individualsoftware umzugehen ist, bildet ein weiteres wichtiges Entwicklungsprinzip. Abb. 51 zeigt beispielhaft, wie ein derartiges Entwicklungsprinzip aussehen kann, indem für die zentralen Anwendungsarten eines Kunden die strategisch anzustrebenden Anwendungskategorien definiert werden. Für die frühen Entwicklungsphasen sollten ebenfalls Prinzipien festgelegt werden, etwa hinsichtlich der einzusetzenden Konzepte und Methoden für die objektorientierte Analyse oder der Software-Ergonomie.

Für die Umsetzung von Entwicklungsprinzipien können in der Regel konkrete Standards genutzt werden. So lassen sich Web-basierte-Anwendungsarchitekturen beispielsweise auf der Basis des Microsoft .NET oder des J2EE Standards realisieren. Service-orientierte-Architekturen erfordern eine Middleware, für deren Umsetzung ebenfalls unterschiedliche Standards und Lösungen zur Verfügung stehen. Gleiches gilt für Standards zur Gestaltung des Anwender-

Frontends oder der Sicherheitsarchitektur. Die zentralen Entwicklungsstandards sind im Rahmen der Entwicklungs-Strategie festzulegen.

Kategorie / Art	Client/Server-Anwendungen	Web-Anwendungen	(Einzel-) Arbeitsplatz-Anwendungen	Terminal-Anwendungen
Standardsoftware	SAP (ERP)	Webanbindung an Standardsoftware	MS Office	ablösen
Individualsoftware (Fremdentwicklung)	Bei Bedarf möglich	Soll-Architektur	Bei Bedarf möglich	ablösen
Eigenentwicklung (Standardkomponenten und Individualsoftware)	Bei Bedarf möglich	Soll-Architektur	Bei Bedarf möglich	ablösen
„Legacy"-Systeme	Nicht anwendbar	Nicht anwendbar	Nicht anwendbar	ablösen

= strategische Zielsegmente

Abb. 51. Beispielhafte Strategie für den Einsatz unterschiedlicher Anwendungsarchitekturen [Quelle ITMC AG, Horgen]

- *Strategische Ausrichtung des Anwendungs-Portfolios*: Typischerweise kommt bei einem Leistungserbringer eine Vielzahl von Anwendungssystemen zum Einsatz, mit Hilfe derer die verschiedenen IT-Leistungen hergestellt werden. Ähnlich einem Leistungs-Portfolio muß auch das Anwendungs-Portfolio strategisch geplant werden.

Das Anwendungs-Portfolio ist unter Berücksichtigung von Lebenszyklus-Aspekten zu gestalten und steuern.

Dies bedeutet beispielsweise eine konsequente Trennung von Daten und Funktionen durch die Entwicklung eigenständiger Anwendungssysteme zur Datenbereitstellung. Die Anwendungsarchitektur beschreibt das Soll-Anwendungs-Portfolio eines Leistungserbringers. Die Beschreibung erfolgt aus einer fachlichen und einer technischen Sicht. Die fachliche Sicht dient der Darstellung der Soll-Funktionalität der Anwendungen bezogen auf die Geschäftsprozesse des Kunden. Die technische Sicht präsentiert die Systeme aus Sicht der Leistungserstellung mit ihren Bausteinen, ihrem Zusammenwirken sowie ihrer datenmäßigen Integration. Bsp. 9 zeigt eine beispielhafte Anwendungsarchitektur aus fachlicher und technischer Sicht. Neu entwickelte Anwendungssysteme sind in das Anwendungs-Portfolio zu integrieren. Gleichzeitig ist das bestehende Anwendungs-Portfolio regelmäßig hinsichtlich der Architektur zu überprüfen.

Bsp. 9. Fachliche und technische Anwendungsarchitektur [Brunner/ Gasser/Pörtig 2003]

Die fachliche Anwendungsarchitektur zeigt auf, wie die Geschäftsprozesse eines Unternehmens durch strategisch positionierte Anwendungen unterstützt werden. Sie ermöglicht es darüber hinaus zu erkennen, ob es funktionale Überschneidungen oder Lücken in der Anwendungslandschaft gibt. In der in Abb. 52 dargestellten beispielhaften fachlichen Anwendungsarchitektur ist die Anwendungsunterstützung für drei Geschäftsprozesse dargestellt. Die farbliche Differenzierung macht deutlich, welche Anwendungstypen zum Einsatz kommen, insbesondere ob es sich um Standardlösungen oder eigenentwickelte Lösungen handelt.

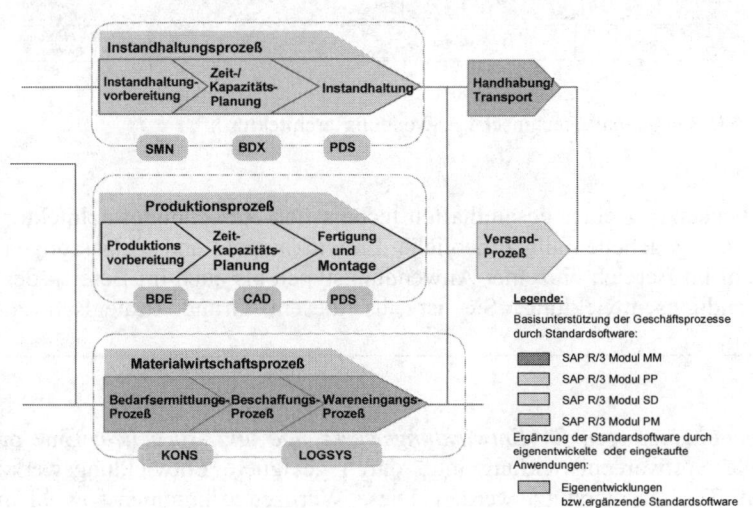

Abb. 52. Beispielhafte fachliche Anwendungsarchitektur

Mit der technischen Anwendungsarchitektur soll der Übergang von einer Einzelbetrachtung einzelner Anwendungstypen hin zu einer gesamtheitlichen Betrachtung im Sinne einer "technischen Anwendungslandschaft" erreicht werden. Des weiteren werden die Anwendungen gegenüber dem Anwender und untereinander harmonisiert und einheitlich ausgerichtet. Eine beispielhafte technische Anwendungsarchitektur zeigt Abb. 53.

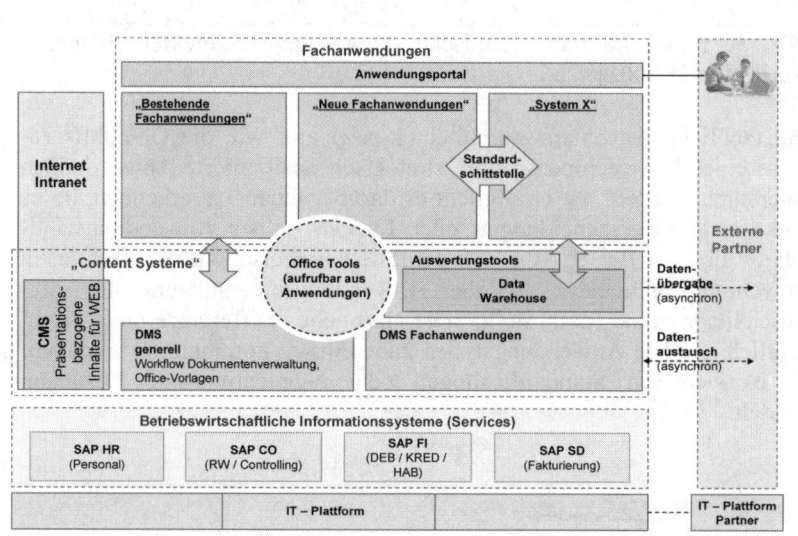

Abb. 53. Beispielhafte technische Anwendungsarchitektur

Die Umsetzung einer gesamthaften technischen Anwendungsarchitektur erfordert gegebenenfalls erhebliche Entwicklungen und Anpassungen sowohl im Bereich einzelner Anwendungstypen als auch im Bereich der Anwendungsentwicklung. Sie ist aus diesem Grund strategisch zu planen.

- *Rahmenbedingungen für Entwicklungswerkzeuge und -sprachen*: Eine professionelle Softwareentwicklung muß durch geeignete Entwicklungswerkzeuge (CASE-Tools) unterstützt werden. Diese Werkzeuge kommen sowohl in den frühen Planungs-, Definitions- und Entwurfsphasen als auch in den späteren Implementierungs-, Test- und Einführungsphasen zum Einsatz. Die in der Strategie festgelegten Prinzipien und Standards haben Einfluß auf die Entwicklungswerkzeuge. Im Rahmen der Entwicklung-Strategie müssen nicht sämtliche Werkzeuge im Detail ausgewählt werden, sondern vielmehr strategische Rahmenbedingungen bezüglich Werkzeugplattformen oder Werkzeuglieferanten definiert werden. Gleiches gilt für die Wahl der eingesetzten Entwicklungssprachen.

- *Abstimmung von Portfolio-, Entwicklungs- und Produktionsstrategie*: Siehe Ausführungen unter Portfolio-Strategie.

Entwicklungs-Planung

Im Rahmen der Entwicklungs-Planung erfolgt die konkrete Planung der Entwicklungsvorhaben. Die Planung konzentriert sich auf die drei Dimensionen Projektplanung, Ressourcenplanung und Kostenplanung. Darüber hinaus ist auch das Controlling-System für die Entwicklung zu planen. Somit ergeben sich die folgenden Aufgaben:

- *Projektplanung*: Ein Projektplan verfeinert und konkretisiert auf der Grundlage des in der Entwicklungs-Strategie festgelegten Prozeßmodells die Aufgaben, Phasen und Meilensteine eines Entwicklungsprojektes [Balzert 1998]. Auch die Zuordnung von Aufgaben zu Mitarbeitern erfolgt in der Regel im Rahmen der Projektplanung. Für die Projektplanung steht eine Vielzahl etablierter Methoden, wie z.B. Netzpläne oder Gantt-Diagramme, und Werkzeuge, wie z.B. Microsoft Project, zur Verfügung.

- *Ressourcenplanung*: Für die Durchführung der Entwicklungsvorhaben werden Ressourcen benötigt. Der Ressourcenbedarf muß geplant werden, um Engpässe und Überkapazitäten zu minimieren. Innerhalb der Entwicklung kommen im wesentlichen personelle Ressourcen und Betriebsmittel (Hardware, Software) zum Einsatz. Diese müssen im Zeitablauf möglichst optimal auf die verschiedenen Entwicklungsvorhaben verteilt werden. Bei der Planung der personellen Ressourcen sind Aspekte wie die Qualifikation des Personals, die verfügbare Personalkapazität, die zeitliche Verfügbarkeit, die örtliche Verfügbarkeit und die organisatorische Zuordnung zu berücksichtigen [Balzert 1998]. Für die Planung der Betriebsmittel, zu denen z.B. Entwicklungsarbeitsplätze, Entwicklungs- und Testplattformen, aber auch Räume und Büromaterialien zählen, stehen etablierte Methoden und Vorgehensweisen der Betriebsmitteleinsatzplanung zur Verfügung.

- *Aufwands- und Kostenplanung*: Für die Gesamtkosten einer IT-Leistung spielen die Entwicklungskosten eine wichtige Rolle. Die Entwicklungskosten bestehen im Bereich der IT dabei zum Großteil aus Personalkosten. In einem ersten Schritt ist daher der zu erwartende Personalaufwand für ein Entwicklungsvorhaben abzuschätzen. Für die Aufwandsschätzung ist in der Vergangenheit eine Vielzahl von Verfahren entwickelt worden, die im wesentlichen den zeitlichen Personalaufwand für die Erstellung neuer bzw. die Änderung bestehender Anwendungen schätzen. Im Rahmen der Kostenplanung wird dieser Aufwand monetär bewertet. Andere Aufwendungen, wie z.B. für Softwarelizenzen, Entwicklungssysteme oder Testsysteme, werden entweder als eigenständige Leistungsarten geplant oder auf die Personentage umgelegt.

- *Planung des Entwicklungs-Controlling*: Für das Controlling eines Entwicklungsvorhabens sind eine Reihe planerischer Aufgaben durchzuführen [Balzert 1998]. Hierzu zählen beispielsweise die Entwicklung von Quantitäts- und Qualitätsstandards, die Festlegung von Qualitätssicherungsmethoden und die Entwicklung von Produktivitäts-, Qualitäts- und Prozeßmetriken. Kontroll- und Berichtssysteme, z.B. Budgetübersichten, Projektfortschrittsberichte oder Terminübersichten, müssen etabliert werden. Und Meß- und Überprüfungsverfahren (Software-Metriken) für Entwicklungsprozesse und -produkte sind zu definieren.

- *Abstimmung mit der technischen Planung der Produktion*: Entwicklungs- und Produktionsbereiche müssen sich frühzeitig in ihren Planungsaktivitäten abstimmen. Hier muß das Problem unterschiedlicher Ziele und Kostenstrukturen von Entwicklung und Produktion analysiert und im Rahmen der Portfolio-Strategie gelöst werden.

  Zwischen der Entwicklungs-Planung und der Produktions-Planung existiert eine Vielzahl von Abhängigkeiten, die nur durch eine komplementäre Planung beherrschbar sind.

  So muß der qualitative und quantitative Aufbau von Produktionskapazitäten so geplant werden, daß die Kapazitäten rechtzeitig mit der Fertigstellung eines Entwicklungsprojektes zur Verfügung stehen. Die Entwicklung wiederum benötigt Informationen über den konkreten Planungsstand in der Produktion, um ihre Projektaktivitäten darauf ausrichten zu können

Entwicklungs-Steuerung

Die Entwicklungs-Steuerung konzentriert sich auf die folgenden drei Aufgaben:

- *Steuerung der Entwicklungsvorhaben*: Projekte, Ressourcen und Kosten sind kontinuierlich zu überwachen. Die Basis hierfür stellt das im Rahmen der Entwicklungs-Planung definierte Entwicklungs-Controlling bereit. Auf der Grundlage der dort definierten Berichtssysteme und Metriken können Messungen durchgeführt, Abweichungen identifiziert und korrigierende Aktionen eingeleitet werden.

- *Steuerung der Inbetriebnahme*: Neue oder geänderte Anwendungssysteme müssen in Betrieb genommen werden. Die Inbetriebnahme folgt einem vorgegebenen Prozeß, der von der Entwicklung gesteuert werden muß. Im Rahmen der Inbetriebnahme sind sämtliche Eigenschaften eines Anwendungssystems zu verifizieren. Hierzu zählt auch die Schulung.

- *Steuerung der Support-Leistungen*: Die Mehrzahl der Support-Vorfälle wird im Rahmen der Produktions-Steuerung bearbeitet. Immer wieder kommt es jedoch vor, daß Probleme auf Grund fehlerhaft entwickelter Anwendungssysteme entstehen. Für diese Fälle muß ein sauber definierter Support-Prozeß innerhalb der Entwicklung existieren, dem die korrigierende Wartung der Anwendungssysteme obliegt. Dieser Prozeß sollte, ebenso wie in der Produktion, einen Problemmanagement- und Changemanagementprozeß beinhalten. Ein wichtiges Instrument stellt in diesem Zusammenhang die Etablierung eines Konfigurationsmanagements dar, das ein sauberes Management aller Software-Elemente, Software-Versionen und Software-Änderungen ermöglicht.

3.2.4.3 Produktionsmanagement

IT-Produkte entstehen durch die Produktion von IT-Leistungen. Neben dem Management des Leistungs-Portfolios und dem Management der Leistungsentwicklung muß auch die eigentliche Produktion, d.h. die Herstellung der IT-Leistungen, geplant, durchgeführt und kontrolliert werden.

Das Produktionsmanagement ist eine eigenständige Aufgabe, die vom Leistungserbringer aktiv wahrgenommen werden muß.

Alle an der Leistungserstellung beteiligten Bereiche müssen in die produktionswirtschaftliche Planung, Steuerung und Kontrolle mit einbezogen werden [Heinen 1991]. In der IT-Produktion besteht die Produktionsinfrastruktur typischerweise sowohl aus zentralen Elementen, die innerhalb eines Rechenzentrums zusammengefaßt sind (z.B. Server oder Speichersysteme), als auch aus dezentralen Elementen, die bei den Leistungsabnehmern vor Ort betrieben werden (z.B. Arbeitsplatzsysteme oder Drucker) oder die zentrale und dezentrale Elemente verbinden (z.B. Netzwerke). Ähnlich wie in der industriellen Produktion existieren innerhalb der IT-Produktion unterschiedliche Produktionstypen. Von Bedeutung sind hierbei insbesondere die Batch-Produktion und die Online-Produktion. Deren jeweilige Eigenarten bestimmen maßgeblich die konkrete Ausgestaltung der organisatorischen Produktionsprozesse und -strukturen.

IT-Leistungen können auf unterschiedliche Art und Weise, d.h. auf unterschiedlichen Produktionsanlagen, produziert werden.

Die Aufgabenstellungen des Produktionsmanagements umfassen sowohl langfristige Strukturentscheidungen als auch mittel- und kurzfristige Aufgaben im Rahmen der Produktionsplanung und -steuerung (siehe Abb. 54).

Produktions-Strategie

Das Vorhandensein einer Produktions-Strategie und deren Abstimmung mit den übrigen Strategien des Leistungserbringers ist eine wesentliche Voraussetzung für eine effiziente Produktion. Dies gilt insbesondere für die langfristige Planung der Produktionsinfrastruktur, die in der industriellen Fertigung auch als Plant Engineering bezeichnet wird.

Dem strategischen Kostenmanagement muß im Rahmen der Produktions-Strategie ein besonderes Augenmerk gewidmet werden.

Die Definition einer Produktions-Strategie umfaßt die folgenden Aufgaben:

- *Organisation der Produktion*: Ebenso wie in der Entwicklungs-Strategie, sind auch im Rahmen der Produktions-Strategie strukturelle Entscheidungen bezüglich der Organisation der Produktion zu treffen. Neben Fragen der Aufbau- und Ablauforganisation spielen in der Produktion auch die räumliche Gestaltung der Produktionsanlagen (Layoutplanung), die Entscheidung über die Beschaffung einzelner Produktionsanlagen, deren Kapazitätseigenschaften und Fragen der

Instandhaltungsstrategie eine zentrale Rolle. Im Rahmen der räumlichen Planung sind beispielsweise die Anordnung der Server, die Verkabelungs- und Netzwerkanforderungen, die Stromversorgung, Temperaturanforderungen, die physischen Zugangssysteme, Anforderungen an die Luftreinheit oder Strahlungsauswirkungen zu planen [OGC 2002]. Entscheidungen über einzelne Produktionsanlagen, etwa die Beschaffung eines Mainframes, und deren Kapazitätseigenschaften wirken meist langfristig und müssen daher strategisch geplant werden.

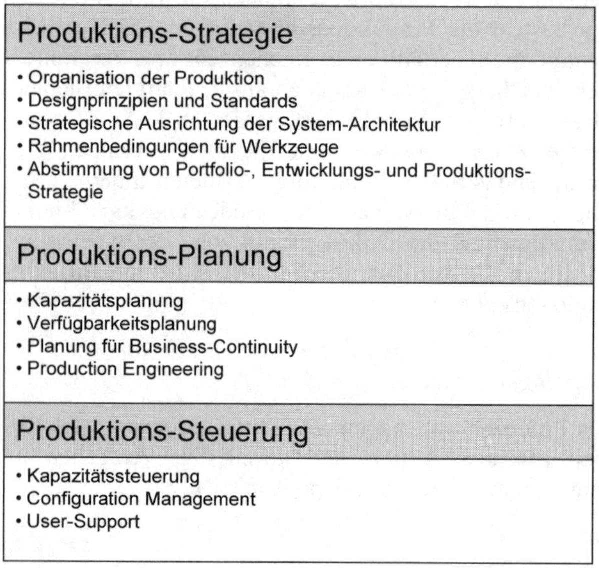

Produktions-Strategie

• Organisation der Produktion
• Designprinzipien und Standards
• Strategische Ausrichtung der System-Architektur
• Rahmenbedingungen für Werkzeuge
• Abstimmung von Portfolio-, Entwicklungs- und Produktions-
  Strategie

Produktions-Planung

• Kapazitätsplanung
• Verfügbarkeitsplanung
• Planung für Business-Continuity
• Production Engineering

Produktions-Steuerung

• Kapazitätssteuerung
• Configuration Management
• User-Support

Abb. 54. Aufgaben innerhalb des Produktionsmanagements

• *Designprinzipien und Standards*: Die Gestaltung der Produktionsinfrastruktur sollte auf der Basis ausgewählter Prinzipien und Standards erfolgen.

Die Produktion hat eigenständig wahrzunehmende Designaufgaben.

So ist beispielsweise festzulegen, wie modular, skalierbar, flexibel, sicher oder fehlertolerant die Infrastruktur zu gestalten ist. Zur Umsetzung kann auf bestehende Standards, wie beispielsweise Hardware- oder Plattform-Standards, zurückgegriffen werden. Wichtig ist dabei die bereits erwähnte Abstimmung von Entwicklungs- und Produktions-Standards.

• *Strategische Ausrichtung der System-Architektur*: Die System-Architektur definiert im Sinne einer Blaupause die langfristige Gestaltung der Produktions-Infrastruktur. Architekturen sollten, soweit erforderlich, für alle Elemente der

Infrastruktur erarbeitet werden. Hierzu zählen beispielsweise Architekturen für zentrale Server- und Hostsysteme, Netzwerke, Clientsysteme, mobile Endgeräte, Speichersysteme, Drucker oder Backup- und Recovery-Systeme.

- *Rahmenbedingungen für Werkzeuge*: Für die Steuerung und Überwachung der Produktion stehen unterschiedliche Software-Werkzeuge zur Verfügung. Die strategischen Zielsetzungen und grundlegenden Anforderungen an die einzusetzenden Werkzeuge sind in der Produktions-Strategie festzuhalten.

- *Abstimmung von Portfolio-, Entwicklungs-, und Produktionsstrategie*: Siehe Ausführungen unter Portfolio-Strategie.

Produktions-Planung

Die Planung der IT-Produktion befaßt sich sowohl mit der Gestaltung der Infrastruktur der IT-Produktion als auch mit der Planung der Abwicklung der IT-Produktion, d.h. mit den Produktionsprozessen. Mit der Gestaltung der IT-Infrastruktur werden die Voraussetzungen für die Durchführung der Produktionsaufgaben geschaffen. Hier werden Kostenstrukturen und die Basis für die Qualität der Produktion festgelegt. Dies erfolgt, analog zu den Prinzipien des "Plant Engineering", durch die Entwicklung von Architekturen, die Definition von Datenmodellen und Automatisierungsinstrumenten sowie durch die Festlegung von Standards.

Die Produktions-Planung erfolgt auf der Grundlage des aktuellen Produktionsprogramms, das im Rahmen der Portfolio-Planung definiert wird. Die Produktions-Planung umfaßt alle planerischen Aufgaben, welche unter ständiger Berücksichtigung der Wirtschaftlichkeit die produktionsgerechte Bereitstellung der IT-Leistungen sicherstellen. Die im folgenden beschriebenen Aufgaben orientierten sich an den ITIL Best Practices (siehe Kapitel 2.6). Aus diesem Grund sei an dieser Stelle nur auf einige aus unserer Sicht zentrale Aspekte hingewiesen:

- *Kapazitätsplanung*: Im Mittelpunkt der Produktions-Planung steht die Kapazitätsplanung. Ihre Hauptaufgabe ist es, den Kapazitätsbedarf und die verfügbare Kapazität möglichst optimal aufeinander abzustimmen. Der zu erwartende Kapazitätsbedarf ergibt sich aus dem für eine bestimmte Periode definierten Produktionsprogramm, d.h. der Art und Menge der zu produzierenden Leistungen. Jede zu produzierende Leistung benötigt bestimmte Produktionsressourcen, z.B. Rechner-, Speicher- und Übertragungsressourcen. Ist beispielsweise bekannt, daß ein Leistungserbringer in einem Monat 150.000 Gehaltsabrechnungen produzieren muß, so läßt sich daraus die für die IT-Leistungen benötigte Produktionskapazität ermitteln. Voraussetzung ist aber, daß der Ressourcenbedarf für die Produktion einer Gehaltsabrechnung möglichst exakt bekannt ist, eine Aufgabe, die in der industriellen Fertigung durch die Ermittlung von Stücklisten gelöst wird. In der IT-Produktion sind Stücklisten weitgehend unbekannt. Eine echte Kapazitätsplanung findet in der IT-Produktion bisher nur selten statt. Grund dafür ist auch, daß in der Praxis typischerweise für jede neue Leistung eine eigene Produktionsinfrastruktur aufgebaut wird. So läuft beispielsweise jedes Anwendungssystem auf einem separaten Server. Für neue Anwendungen werden neue Server bereitgestellt. Dies führt nicht zuletzt dazu, daß erhebliche Überkapazitäten bestehen, da beispielsweise Rechnerkapazitäten nicht annähernd ausgelastet werden. Unsere Gespräche mit Rechenzentrumsleitern zeigen, daß derartige Überkapazitäten, vor allem im Open Systems Umfeld, durchaus in der Größenordnung von 30-60% der Gesamtkapazität liegen können.

Mit der derzeit zu beobachtenden Virtualisierung von IT-Produktionsressourcen ändert sich dieses Vorgehen. Rechner-, Speicher- und Netzwerkressourcen lassen sich heute bedarfsabhängig zur Verfügung stellen und für die Produktion unterschiedlicher IT-Leistungen einsetzen. In diesem Zusammenhang kommt der Kapazitätsplanung eine entscheidende Rolle für eine effiziente und effektive Produktion zu. Überkapazitäten, z.B. nicht ausgelastete Rechnerkapazitäten, führen zu Ineffizienzen, Unterkapazitäten dahingegen meist zu Qualitätsmängeln, z.B. hinsichtlich der Antwortzeiten. Eine besondere Herausforderung für die IT-Kapazitätsplanung liegt in den starken zeitlichen Schwankungen der Leistungsnachfrage. So existieren beispielsweise im Tagesablauf Nachfragespitzen für bestimmte IT-Leistungen, etwa wenn zu Beginn des Arbeitstages oder nach der Mittagspause verstärkt E-Mails abgerufen oder User-Log-Ins vorgenommen werden. Gleiches gilt für den Zeitraum um den Jahreswechsel, in dem sich beispielsweise Nachfragespitzen für die Erstellung des Jahresabschlusses oder der Personalabrechnungen ergeben. Derartige Nachfrageschwankungen müssen im Rahmen der Kapazitätsplanung berücksichtigt werden. Dies bedeutet jedoch nicht, daß die heute in der IT-Produktion gebräuchliche Vorgehensweise, die Produktionskapazität an der zu erwartenden Spitzennachfrage auszurichten, zwangsläufig richtig ist.

- *Verfügbarkeitsplanung*: Die Verfügbarkeit stellt eines der zentralen Qualitätskriterien von IT-Leistungen aus Sicht der Leistungsabnehmer dar. Sie hat entscheidenden Einfluß auf die Zufriedenheit der Leistungsabnehmer mit den IT-Leistungen. Aus diesem Grund wird der Grad der Verfügbarkeit in der Regel sehr präzise im Rahmen der mit den Leistungsabnehmern abgeschlossenen Service Level Agreements definiert. Die Verfügbarkeitsplanung muß sicherstellen, daß die vereinbarten Verfügbarkeitsgrade jederzeit eingehalten werden können. Während für die Leistungsabnehmer die gesamthafte Verfügbarkeit der Leistung maßgeblich ist, müssen im Rahmen der Verfügbarkeitsplanung auch die für die Gesamtverfügbarkeit verantwortlichen Bereiche der IT-Produktion identifiziert und gestaltet werden. Hierzu zählen die eigentlichen Komponenten der Produktionsinfrastruktur, wie z.B. Server oder Netzwerke, ebenso wie die Produktions-, Wartungs- und Supportprozesse. Während also beispielsweise für einen Leistungsabnehmer lediglich die Verfügbarkeit des E-Mail-Service, gemessen an seinem Arbeitsplatz, maßgeblich ist, muß die Verfügbarkeitsplanung ermitteln, welche Anforderungen etwa an Server, Netzwerke, Datenbanken und Backup-Systeme zu stellen sind, damit der garantierte Verfügbarkeitsgrad erreicht werden kann.

Eine mangelhafte Verfügbarkeitsplanung führt dazu, daß zugesagte Verfügbarkeitsgrade nicht eingehalten werden können. Vielfach fehlt im Bereich der IT in diesem Zusammenhang das Verständnis dafür, wie hoch die Kosten dieser Nichtverfügbarkeit tatsächlich sind. Es gilt zu bedenken, daß nicht nur ein materieller Schaden eintreten kann, etwa in Form von Produktivitätsverlusten der Mitarbeiter, entgangenen Umsätzen, Strafzahlungen oder Überstunden, sondern insbesondere auch immaterielle Schäden wie Kundenunzufriedenheit, Kundenverlust, entgangene Geschäftsmöglichkeiten, Imageverlust oder Vertrauensverlust. Diese können sowohl beim Leistungserbringer als auch beim Leistungsabnehmer unvorhersehbare Kosten nach sich ziehen.

Im Rahmen der Verfügbarkeitsplanung sind mehrere Aufgaben zu verrichten. Hierzu zählt die Ermittlung der Verfügbarkeitsanforderungen der Leistungsabnehmer, die Ableitungen der Zielsetzungen für die Verfügbarkeit aus den abgeschlossenen SLA und die Etablierung eines Meß- und Berichtssystems für den Bereich der Verfügbarkeit.

- *Planung für Business Continuity*: Die zentrale Bedeutung, die IT-Leistungen in den Geschäftsprozessen vieler Unternehmen einnehmen, macht es erforderlich, Notfallpläne zu entwickeln, die bei Ausfall einzelner Komponenten der Produktionsinfrastruktur oder bei Verlust einer kompletten Betriebsstätte einen vorab definierten Leistungsgrad garantieren. Ausgehend von einer Business Impact Analyse, innerhalb derer die unternehmenskritischen Geschäftsprozesse identifiziert und die Konsequenzen eines Ausfalls dieser Geschäftsprozesse analysiert werden, und einer Risikoanalyse, innerhalb derer die Wahrscheinlichkeit und die Auswirkungen schwerwiegender Störfälle (z.B. Naturkatastrophen, Terroranschläge usw.) betrachtet werden, muß eine Continuity-Strategie erarbeitet werden. Diese sollte sowohl Maßnahmen zur Risikoverringerung als auch organisatorische und technische Maßnahmen zur Wiederherstellung der Produktionsbereitschaft nach einem eingetretenen Notfall enthalten. Letztere beinhalten meist eine klare Priorisierung der im Notfall bereitzustellenden IT-Leistungen. Die Continuity-Strategie ist im Anschluß zu implementieren und kontinuierlich zu überwachen.

- *Production Engineering*: Die Produktion stellt in Form eines „technical center of excellence" anderen Bereichen Know-how aus der Produktion bereit. Neben der Erstellung technischer Studien und Konzepte, etwa bezüglich neuer Produktionstechnologien oder Plattformen, wirkt sie vor allem unterstützend. So kann sie beratend in Projekten, etwa bei der Einführung neuer Infrastrukturen oder bei der Entwicklung neuer Leistungen, aber auch in der täglichen Arbeit, etwa bei der Problemlösung innerhalb des User-Support oder der Überwachung der Produktionsinfrastruktur, mitwirken.

Produktions-Steuerung

Die operative Produktions-Steuerung ist für die kontinuierliche Überwachung der Produktionsvorgänge verantwortlich. Im Rahmen der Kapazitätssteuerung kommt ihr die Aufgabe einer Feinjustierung der Produktionskapazitäten zu. Dies bedeutet im Einzelnen:

- *Kapazitätssteuerung*: Während die Kapazitätsplanung eine Mittelfristplanung darstellt, hat die Kapazitätssteuerung kurzfristigen Charakter. Kurzfristige Änderungen und Schwankungen im Produktionsprogramm haben einen kontinuierlichen Einfluß auf die Kapazitätsanforderungen. Ist beispielsweise die Nachfrage nach einem IT-Produkt geringer als erwartet, so können die freigewordenen Produktionskapazitäten gegebenenfalls kurzfristig anderweitig eingesetzt werden. Gleiches gilt für den umgekehrten Fall der unerwartet hohen Nachfrage. Die Kapazitätssteuerung muß in diesem Fall für eine kurzfristige Bereitstellung zusätzlicher Kapazitäten Sorge tragen. Auch der Ausfall einzelner Produktionsressourcen, etwa eines Servers oder einer Harddisk, erfordert gegebenenfalls eine Neuzuteilung von Kapazitäten. Müssen kurzfristig zusätzliche oder neue IT-Leistungen produziert werden, ist es Aufgabe der Kapazitätssteuerung, diese in das bestehende Produktionsprogramm einzulasten.

- *Configuration Management*: Die Produktionsinfrastruktur muß kontinuierlich überwacht werden und zwar sowohl auf der Ebene der IT-Leistungen, als auch auf der Ebene der einzelnen Produktionsressourcen. Dies gilt insbesondere für diejenigen Elemente der Produktionsinfrastruktur, die Auswirkungen auf vereinbarte SLA haben. Die Überwachung und Kontrolle erfolgt im Rahmen des Configuration Managements. Grundlage bildet eine Configuration Management Database, in der alle relevanten Komponenten und Informationen erfaßt sind (siehe Kapitel 2.6 und Bsp. 5). Werden Abweichungen von den Vorgaben erkennbar, so sind diese zu analysieren und Verbesserungsmaßnahmen, wie z.B. Tuning-Maßnahmen, zu initiieren.

- *User-Support*: Im Rahmen der Produktions-Steuerung ist auch der User-Support zu gewährleisten. In der Praxis lehnen sich die Support-Prozesse meist eng an die ITIL Best Practices an (siehe Kapitel 2.6). Anwenderanfragen werden mit Hilfe eines Incident Management Prozesses erfaßt und bearbeitet. Können Probleme durch das Incident Management nicht gelöst werden, übergibt man sie an den 2nd-Level-Support, der in einem Problem Management Prozeß das zugrunde liegende Problem identifiziert, in einem Change Management-Prozeß eine Lösung erarbeitet und diese mit Hilfe eines Release Management Prozesses umsetzt. Gegebenenfalls müssen weitere Bereiche, etwa die Entwicklung, im Sinne eines 3rd-Level-Support miteinbezogen werden.

4 Beispiele eines integrierten Informationsmanagements

In diesem Kapitel möchten wir anhand einiger ausgewählter Beispiele zeigen, was integriertes Informationsmanagement in der Praxis bedeutet und wie einzelne Elemente des vorgestellten Modells umgesetzt werden können. Bei den Beispielen handelt es sich um Projekte, die im Rahmen des Kompetenzzentrums "Integriertes Informationsmanagement" gemeinsam mit den beteiligten Partnerunternehmen durchgeführt wurden. Die hier vorgestellten Projektergebnisse wurden aus Gründen der Vertraulichkeit zum Teil anonymisiert oder mit fiktiven Zahlen hinterlegt.

4.1 Six-Sigma-Analyse von IT-Produktionsprozessen[1]

Six-Sigma erfreut sich als Qualitätsmanagements-Methode zunehmender Beliebtheit. Immer mehr Unternehmen lassen sich von den Vorteilen der Methode überzeugen und unterziehen ihre Prozesse einer Six-Sigma-Analyse. Lange Zeit hielt sich dabei das Vorurteil, Six-Sigma sei ausschließlich für produzierende Betriebe und standardisierte Fertigungsprozesse mit hoher Wiederholfrequenz geeignet [Schmutte 2002]. Erfolgreiche Six-Sigma-Projekte in Dienstleistungsunternehmen und –prozessen haben diese Meinung jedoch mittlerweile widerlegt.

Auch Informationsmanagementprozesse eignen sich für eine Six-Sigma-Analyse. Dies gilt vor allem für Produktionsprozesse, weniger für Planungs- und Entwicklungsprozesse. Denn IT-Produktionsprozesse stellen einerseits Dienstleistungsprozesse dar und weisen andererseits typische Merkmale industrieller Produktionsprozesse, wie beispielsweise einen hohen Standardisierungsgrad und eine hohe Wiederholfrequenz, auf. Im Rahmen eines Pilotprojektes haben wir die Anwendbarkeit der Six-Sigma-Methode auf IT-Produktionsprozesse untersucht. Das Projekt konzentrierte sich auf die Analyse des Supportprozesses einer datenintensiven Großanwendung eines unserer Forschungspartner. Das Projektvorgehen und ausgewählte Projektergebnisse sollen im folgenden vorgestellt werden. Zunächst erfolgt jedoch eine kurze Einführung in die Grundlagen der Six-Sigma-Methode.

4.1.1 Grundlagen von Six-Sigma

In der Praxis verbergen sich hinter dem Schlagwort Six-Sigma unterschiedliche Ansätze, die von einer rein methodischen Vorgehensweise bei Verbesserungspro-

---

[1] Die Inhalte dieses Kapitels basieren auf Forschungsarbeiten von Axel Hochstein, Institut für Wirtschaftsinformatik, Universität St. Gallen.

jekten bis hin zu einer Unternehmensentwicklungsphilosophie reichen [Schmutte 2002]. Entwickelt wurde Six-Sigma in den 1980er Jahren von der Firma Motorola zur Qualitätssicherung von Produktionsprozessen. Six-Sigma zielt darauf ab, stabile und beherrschbare Prozesse zu schaffen. Stabil und beherrschbar bedeutet, daß die Prozeßergebnisse (Prozeß-Output) möglichst geringen Schwankungen unterliegen und die Schwankungen innerhalb vom Kunden vorgegebener Toleranzbereiche liegen. Zu diesem Zweck bedient sich Six-Sigma einfacher statistischer Instrumente. Der Kunde definiert eine obere und untere Toleranzgrenze für das Ergebnis eines Prozesses, beispielsweise für die maximale Abweichung einer Bohrung im Rahmen eines Produktionsprozesses. Liegt beispielsweise die Toleranzgrenze für die Bohrung bei 0,1mm, so ist die Prozeßqualität für den Kunden immer dann nicht mehr akzeptabel, wenn eine Bohrung um mehr als 0,1mm von den Vorgaben abweicht.

Im Rahmen einer Six-Sigma-Analyse wird nun der Prozeß statistisch untersucht, indem der Mittelwert und die Standardabweichung (Sigma) der Prozeßergebnisse ermittelt werden. Die Stabilität des Prozesses kann durch den Sigma-Level, d.h. den Grad der Abweichung der Prozeßergebnisse vom Mittelwert, ausgedrückt werden. Eine Stabilität von Six-Sigma bedeutet konkret, daß bei 1 Mio. durchgeführter Prozesse das Ergebnis - statistisch betrachtet - nur 3,4 mal außerhalb des vom Kunden spezifizierten Toleranzbereiches liegt (siehe Abb. 55). Bezogen auf das Beispiel dürfte bei 1 Mio. durchgeführter Bohrungen die Bohrung höchstens 3,4 mal um mehr als 0,1mm von der Vorgabe abweichen. Nicht zwangsläufig muß ein Qualitätsniveau von Six-Sigma angestrebt werden. Untersuchungen haben gezeigt, daß Unternehmen im Durchschnitt in ihren Produktionsprozessen ein Niveau von 4-Sigma erreichen, d.h. bei 1 Mio. Prozeßdurchläufen das Prozeßergebnis 6.210 mal außerhalb des Toleranzbereiches liegt. Zu beachten ist jedoch, daß bereits bei einem Qualitätsniveau von 4-Sigma die Qualitätskosten ca. 15-25% des Umsatzes ausmachen.

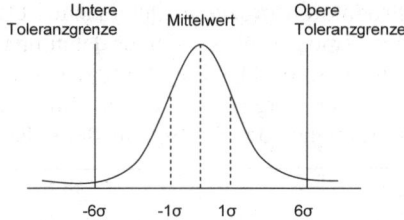

	Prozeß Sigma	Fehlerrate pro Mio. Prozesse	Qualitäts- kosten (in % vom Umsatz)
Nicht wett- bewerbsfähig	2	308537	Nicht akzeptabel
Durchschnitt	4	6210	15-25%
World Class	6	3,4	<1%

Abb. 55. Six-Sigma-Methode

Das Ziel einer Six-Sigma-Analyse ist es letztendlich, die Prozesse eines Unternehmens an den Kundenanforderungen auszurichten. Methodisch beruht Six-Sigma auf zwei Basisbausteinen:

- Einem *streng systematischen Vorgehen* auf der Grundlage quantitativer, statistischer Instrumente, das insbesondere eine präzise Messung der Prozeßqualität, aber auch die Analyse, Verbesserung und Kontrolle von Prozessen umfaßt.

- Einer *Weiterbildungs- und Coaching-Methodik*, die sicherstellt, daß das zur Durchführung von Six-Sigma-Projekten erforderliche Know-how im Unternehmen breit verfügbar ist.

Das systematische Vorgehen sichert bei Six-Sigma der Einsatz des DMAIC-Zyklus (siehe Abb. 56). Dieser unterscheidet die fünf Phasen "Define", "Measure", "Analyze", "Improve" und "Control". Für jede Phase werden konkrete Werkzeuge und Instrumente zur Verfügung gestellt. Eine ausführliche Beschreibung der fünf Phasen erfolgt im Rahmen des Beispiels.

Die Weiterbildungs- und Coaching-Methodik beruht auf dem so genannten Belt-Konzept. In Anlehnung an asiatische Kampfsportarten definiert Six-Sigma klare Rollen und Verantwortlichkeiten, wie z.B. Black-Belt oder Green-Belt. Die beteiligten Personen durchlaufen ein mehrwöchiges Ausbildungsprogramm und sind gleichzeitig in ein aktuelles Six-Sigma-Projekt involviert. Die höchste Ausbildungsstufe stellt der zertifizierte Six-Sigma-Black-Belt dar. Wird Six-Sigma in einem Unternehmen als ein Teil der Unternehmensphilosophie betrachtet, so bedeutet dies in der Praxis häufig, daß ab einer bestimmten Managementebene bestimmte Six-Sigma-Belts zwingend erworben werden müssen.

DMAIC-Zyklus

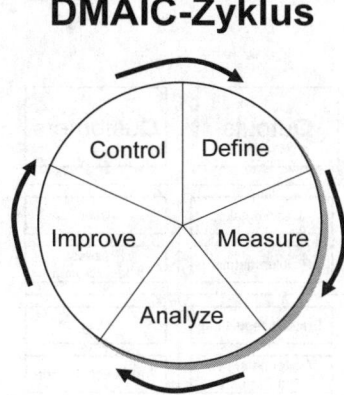

Phase	Werkzeug, Instrument
D	SIPOC, CTQ,VOC, Stakeholder-Analyse, Rolled Throughput Yield
M	Kano-Modell, Gage R&R, Priorization-Matrix, Process Capability, Process Sigma
A	Affinity Diagramm, Stratified Frequency Plot, Hypothesis Test, Scatter Plot, Regression, Cause-and-Effect-Diagram
I	FMEA, Pareto Chart, Design of Experiments, Sampling, CoPQ
C	Data Collection Plan, Quality Control Process Chart, Control Charts, Standardization

Abb. 56. Phasen des DMAIC-Zyklus

4.1.2 Six-Sigma-Analyse des IT-Anwendungssupport

Im Rahmen eines Pilotprojektes wurde der Supportprozeß für eine Groß-anwendung bei einem Forschungspartner des Kompetenzzentrums untersucht. Bei der betrachteten Anwendung handelte es sich um eine host-basierte Legacy-Anwendung zur Unterstützung eines Kerngeschäftsprozesses des Unternehmens. Die Anwendung wird von ca. 23.000 Anwendern genutzt und hat sich als eine supportintensive Anwendung herausgestellt. Täglich werden rund 300 Anfragen an das Help-Desk gestellt, die zur Eröffnung eines Tickets führen. 70% der Tickets können innerhalb des 1st-Level-Supports bearbeitet werden (Erst-lösungsquote). Wöchentlich werden rund 300 Problem-Reports erstellt, die im 2nd- oder 3rd-Level-Support bearbeitet werden.

Mit Hilfe der Six-Sigma-Analyse sollten die folgenden Zielsetzungen erreicht werden:

- Eine *meßbare Verbesserung der Qualität des Supportprozesses* (Verbesserung der Erstlösungsquote, Antwortzeit usw.).

- Eine *meßbare Verbesserung der Qualität des Anwendungssystems* (Reduzierung der Anzahl Tickets und Problem-Reports).

- Eine *meßbare Reduzierung der Kosten des Supportprozesses* (Reduzierung der Anzahl Tickets sowie der Kosten je Ticket).

Die im folgenden beschriebenen quantitativen Meßwerte wurden aus Gründen der Vertraulichkeit fiktiv gewählt und entsprechen nicht den tatsächlich ermittelten Werten.

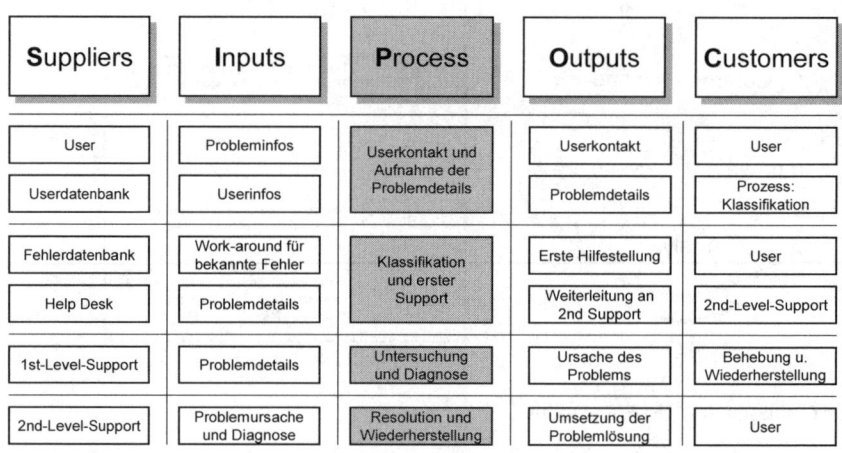

Abb. 57. High-Level SIPOC-Diagramm des Supportprozesses

Define-Phase

Das Projektvorgehen orientierte sich am DMAIC-Zyklus. Im Mittelpunkt der Define-Phase standen neben Projektdefinition und Projekt-Setup vor allem die Definition und Beschreibung des zu verbessernden Prozesses und die Ermittlung der Qualitätskriterien und Toleranzgrenzen der Kunden. Für die Prozeßbeschreibung wurde als Instrument das SIPOC-Diagramm verwendet, welches für einzelne Prozeßschritte Lieferanten, Inputs, Outputs und Kunden definiert. Auf der obersten Ebene ergibt sich für den Supportprozeß das in Abb. 57 dargestellt SIPOC-Diagramm. Jeder der vier Teilprozesse kann wiederum in Aktivitäten unterteilt werden (hier nicht dargestellt).

Institut für Wirtschaftsinformatik

Universität St.Gallen   **Six Sigma Projekt: Supportprozesse**
Pilotierung: Anwendung „xxx"

Phase: Define   Prozessbereich: Incident Management

Prozessschritt: Klassifikation und erster Support   Prozessverantwortlicher: Hr. Mustermann

Prozess-lieferant	Prozess-input	Aktivitäten	Prozessoutput	Kunde	Anforderungen an Output aus Sicht des Kunden	Wichtigkeit
Fehlerdaten-bank	Work-around für bekannte Fehler	Prüfung der bekannten Fehler	Erste Hilfestellung	User	1. Antwortzeiten	2
					2. Qualität der Hilfestellung	1
					3. Kompetenz der MA	3
					4.	
					5.	
Help Desk	Problem-details	Bereitsellung eines Work-arounds	Weiterleitung an 2nd-Level-Support	2nd-Level-Support	1. Schnelligkeit der Weiterleitung	2
					2. Richtigkeit	3
					3.	
					4.	
					5.	
		Festlegung von Prioritäten und Klassifizierung			1.	
					2.	
					3.	
					4.	
					5.	
		Weiterleitung an 2nd-Level-Support			1.	
					2.	
					3.	
					4.	
					5.	
			Allgemeine Anforderungen	Manage-ment	1. Einhaltung des Budgets	3
					2. Erhöhung der MA-Zufriedenheit	1
					3.	
					4.	

Abb. 58. Anforderungen an den Prozeßschritt „Klassifikation und erster Support" (Auszug)

Eine zentrale Voraussetzung für eine Six-Sigma-Analyse eines Prozesses ist die Ermittlung der Kundenanforderungen an den Prozeß. Für jeden Prozeßschritt und jede Aktivität sind die Anforderungen an das Prozeßergebnis aus Sicht der Kunden zu definieren. Die Anforderungen werden auch als Critical-to-Quality (CTQ) bezeichnet und können mit unterschiedlichen Methoden, wie z.B. Kundeninterviews, Fragebögen, Kundenbeschwerden, Kundensegmentierungen oder Brainstorming, ermittelt werden. Abb. 58 zeigt am Beispiel des Prozeßschrittes „Klassifikation und erster Support" die Kundenanforderungen für die ersten beiden Aktivitäten. Die Anforderungen wurden zusätzlich hinsichtlich ihrer Wichtigkeit aus Kundensicht bewertet. Neben den aktivitätsbezogenen Anforderungen existieren auch allgemeine Anforderungen an den Prozeßschritt. Dabei handelt es sich vor allem um Managementanforderungen.

Measure-Phase

In der Measure-Phase werden die in der Define-Phase für einen Prozeß identifizierten Kundenanforderungen gemessen. Ziel ist es, den aktuellen Qualitätsgrad für jede Anforderung zu ermitteln. Zu diesem Zweck umfaßt die Measure-Phase die folgenden Aktivitäten:

- Operationalisierung der identifizierten Anforderungskriterien,

- Bestimmung einer geeigneten Meßmethode und einer repräsentativen Stichprobengröße,

- Messung der derzeitigen Qualität bezüglich der operationalisierten Anforderungskriterien.

Institut für Wirtschaftsinformatik

Universität St.Gallen   **Six Sigma Projekt: Supportprozess**
Pilotierung: Anwendung „xxx"

Phase: Measure   Prozessbereich: Incident Management

Prozessschritt: Klassifikation und erster Support   Prozessverantwortlicher: Hr. Mustermann

Anforderung aus Define	Erhebungs-methode	Definition	Akzeptanz-wert	Stichprobe	Ø-gemessener Wert	Sigma-Level
Anwortzeiten	Zeitmessung	Zeit von der Fehlermeldung bis zur Bereitstellung eines Work-arounds	2 h	200	3 h	1
Qualität der Hilfestellung	Kundenbefragung	1="sehr gut"; 2="mittelmässig"; 3="schlecht"	1,5	200	2	3
Kompetenz der MA	Zählung	Anzahl der gelösten Probleme	100	200	120	2
Schnelligkeit der Weiterleitung	Zeitmessung	Zeit von der Fehlermeldung bis zur Weiterleitung	3 h	200	2,5 h	3
Richtigkeit	Zählung	Anzahl der falschen Weiterleitungen	10	200	15	3
Einhaltung des Budgets	Summe der Kosten	Durch Prozessschritt entstandene Kosten	12 €	200	16 €	2
Erhöhung der MA-Zufriedenheit	MA-Befragung	1="sehr gut"; 2="mittelmässig"; 3="schlecht"	2	50	2	4

Abb. 59. Ergebnisse der Measure-Phase (Auszug)

Abb. 59 zeigt auszugsweise die Ergebnisse der Measure-Phase für den Prozeßschritt „Klassifikation und erster Support". Man erkennt, daß für jedes An-
forderungskriterium aus der Define-Phase eine Meßmethode, eine Meßeinheit, ein
kundenseitiger Akzeptanzwert und die Stichprobengröße angegeben sind. Als
Ergebnis sind der durchschnittlich gemessene Wert (Mittelwert) und der Sigma-
Level (Grad der Abweichung vom Mittelwert) angegeben.

Analyze-Phase

Vor allem die Kriterien Antwortzeit, Kompetenz der Support-Mitarbeiter und
Budget weisen einen niedrigen Sigma-Level auf. Dies bedeutet, daß diese
Prozesse, vom Ergebnis her betrachtet, großen Schwankungen in der Qualität
unterliegen. In der Analyze-Phase gilt es nun, nach den Gründen und eigentlichen
Ursachen für das niedrige Qualitätsniveau zu suchen. Die Ursachen sollten mög-
lichst anhand konkreter Daten verifiziert werden können.

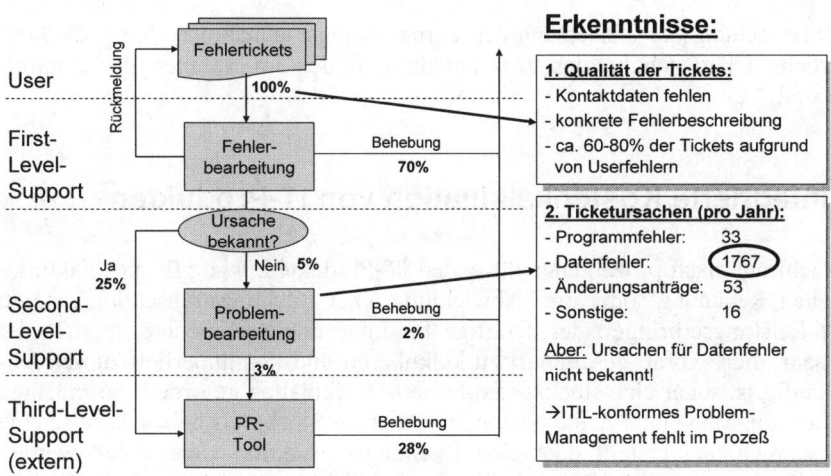

Abb. 60. Ursachenanalyse im Rahmen der Analyze-Phase

Als zwei zentrale Problemfelder wurden die Qualität der Tickets und die Ticketur-
sache identifiziert (siehe Abb. 60). Die Qualität der Ticketinformationen war
schlecht, insbesondere fehlten häufig die Kontaktdaten der Anwender, was dazu
führte, daß diese aufwendig ermittelt werden mußten. 60-80% aller Tickets wurden auf Grund von Anwenderfehlern erzeugt. Im 2nd-Level-Support wurden die
Ursachen für die Tickets analysiert. So konnte man feststellen, daß die Ursache für
rund 95% aller Tickets in Datenfehlern begründet lag. Über die Ursache der vielen

Datenfehler wiederum ließen sich kaum verifizierbare Erkenntnisse gewinnen. Zu den vermuteten Gründen zählten beispielsweise Dateninkonsistenzen, die im Rahmen von Updates oder Konvertierungen entstanden, oder falsch eingegebene Daten. Des weiteren wurde in der Analyse festgestellt, daß ein ITIL-konformer Problem Management Prozeß im konkreten Fall nicht existierte. Dies führt unter anderem dazu, daß im Rahmen des 2nd-Level-Supports lediglich aufgetretene Fehler behoben, aber die eigentliche Fehlerursache nicht hinlänglich analysiert wurde.

Improve- und Control-Phase

Die letzten beiden Phasen des DMAIC-Zyklus sind nicht Six-Sigma spezifisch, weshalb an dieser Stelle nur kurz darauf eingegangen wird. In der Improve-Phase wird nach Lösungsmöglichkeiten gesucht, die die eigentlichen Ursachen des niedrigen Qualitätsniveaus beseitigen sollen. Typischerweise werden mehrere Alternativen entwickelt und bewertet. Im Rahmen des Pilotprojektes konzentrierte sich die Lösungsfindung vor allem auf die Umsetzung eines Best Practice Supportprozesses auf der Grundlage der ITIL.

Die Überwachung der Umsetzung der Verbesserungsmaßnahmen, sowie die kontinuierliche Überwachung der Prozeßqualität, finden im Rahmen der Control-Phase statt.

4.2 Integrierte Kostenkalkulation von IT-Produkten[2]

Die Nachfrage nach prozeßunterstützenden IT-Produkten, wie z.B. die "Fakturierung einer Rechnung" oder die "Abwicklung einer Buchungstransaktion", steigt. Ein IT-Leistungserbringer, der derartige Produkte anbieten möchte, muß in der Lage sein, diese vorab gesamthaft zu kalkulieren und kontinuierlich zu verrechnen. Häufig ist sogar eine stückkosten-basierte Kalkulation gefordert. So möchten viele Leistungsabnehmer heute wissen, zu welchem Stückpreis beispielsweise eine Gehaltsabrechnung erstellt oder eine Buchungstransaktion abgewickelt werden kann und wie variabel die Preise bei unterschiedlichen Abnahmemengen gestaltet werden können.

Viele IT-Leistungserbringer verfügen heute nicht über das kostenrechnerische Instrumentarium, um die Stückkosten eines prozeßunterstützenden IT-Produktes kalkulieren und verrechnen zu können. Sie kennen ihre tatsächlichen Kosten zur Herstellung des Produktes nicht, was insbesondere in wettbewerbsintensiven Marktsegmenten eine Preisverhandlung mit den Kunden erschwert, wenn nicht gar unmöglich macht.

---

[2] Die Inhalte dieses Kapitels basieren auf Forschungsarbeiten von Jochen Scheeg, Deutsche Telekom AG.

Zwei Probleme lassen sich in diesem Zusammenhang als Ursache erkennen. Zum einen fehlen Kostenrechnungsmodelle, die eine exakte Zuordnung technischer Kostenarten zu geschäftsprozeßunterstützenden IT-Produkten als Kostenträger ermöglichen. Viele Leistungserbringer sind nicht in der Lage, technische Leistungsarten, wie z.B. Rechenleistungen, Speicherleistungen oder Übertragungsleistungen, einem IT-Produkt zuzuordnen. Zum anderen werden in der Praxis Entwicklungs- und Produktionskosten heute überwiegend isoliert betrachtet. Dies gilt sowohl für die Kostenplanung als auch für die Kostenverrechnung. Entwicklungs- und Produktionsbereiche unterhalten eigenständige Beziehungen zu den Leistungsabnehmern und verwenden unterschiedliche Kostenträger. Während in der Entwicklung beispielsweise Anwendungssysteme und Entwicklungsprojekte als Kostenträger dienen, nutzt die Produktion typischerweise Hardware- oder Transaktionsbezogene Kostenträger. Die isolierte Kostenbetrachtung erschwert eine lebenszyklusorientierte Planung und Verrechnung der Kosten eines IT-Produktes. Geschäftsprozeßunterstützende IT-Produkte enthalten sowohl Entwicklungs- als auch Produktionsleistungen. Voraussetzung für eine Kalkulation derartiger Produkte beim Leistungserbringer ist somit eine integrierte Kostenbetrachtung.

Im folgenden stellen wir die Grundzüge eines Lösungsansatzes für die Kalkulation geschäftsprozeßunterstützender IT-Produkte vor, der unter Berücksichtigung von Entwicklungs- und Produktionskosten die Kalkulation von Produkt-Stückkosten ermöglicht. Neben dem Lösungskonzept wird auch eine prototypische Umsetzung auf der Basis von SAP R/3 gezeigt, die in Zusammenarbeit mit dem Systemintegrator und Beratungshaus Syskoplan erarbeitet wurde. Zunächst wird jedoch kurz der aktuelle Stand der Kostenrechnung in der IT-Entwicklung und IT-Produktion resümiert.

4.2.1 Status-quo in der IT-Kostenrechnung

Status-quo in der IT-Entwicklung

Die IT-Entwicklung erbringt vorwiegend Personalleistungen. Die Tätigkeiten umfassen sämtliche Schritte der Software-Entwicklung, von der Analyse, über den Entwurf (Design) und die Programmierung, bis hin zum Testen von Anwendungssystemen. Die dominierende Meßgröße sind Zeiteinheiten, gemessen in Stunden oder Tagen. Die zentralen Leistungsarten sind Konzepte, Systembeschreibungen, Projekte, Programme oder Anwendungssysteme. Die Kostenträger Projekt, Anwendungssystem und Auftrag stellen üblicherweise die für die Angebotserstellung oder den Verkauf definierten Leistungen der IT-Entwicklung dar.

Für die Abschätzung des Aufwands von IT-Entwicklungsleistungen sind in der Vergangenheit eine Vielzahl unterschiedlicher Verfahren entwickelt worden, die jeweils unterschiedliche Einflußfaktoren berücksichtigen [Balzert 2000]. Zu den bekanntesten zählen das Function Point und das Constructive Cost Model (Cocomo) Verfahren. Alle Verfahren zielen auf die Ermittlung des Ressourcenaufwands für die Erstellung eines neuen Anwendungssystems bzw. die Änderung eines bestehenden Anwendungssystems. Dabei konzentrieren sich die Schätzverfahren im wesentlichen auf die Abschätzung des zeitlichen Personalaufwands. Dieser Aufwand wird anschließend monetär bewertet. Andere Aufwendungen, wie beispielsweise für Software-Lizenzen, Entwicklungssysteme oder Testsysteme, werden den Kunden entweder als eigenständige Leistungsarten angeboten oder aber es erfolgt eine Umlage dieser Kosten auf die Leistungsarten Entwickler- oder Personentage.

Für die Aufwandsschätzung werde Schätztools eingesetzt, die üblicherweise nicht in die Kostenrechnungssysteme der IT-Entwicklung eingebettet sind. Erst nach Beauftragung durch den Leistungsabnehmer erfolgt eine teilweise Übernahme der Plandaten in die Buchungssysteme. Die Kostenrechnungssysteme der IT-Entwicklung dienen heute im wesentlichen der Kostenerfassung und -verrechnung.

Abb. 61 zeigt die heute vorherrschende Verrechnungslogik für IT-Entwicklungsleistungen. Die Kostenstellen der Querschnittsbereiche (Entwicklungssupport) entlasten sich entsprechend des erfaßten zeitlichen Aufwands oder durch Umlagen auf die Kostenstellen der Leistungserstellung (Anwendungsentwicklung). Die Kosten der Anwendungsentwicklung werden entsprechend des Zeitaufwands auf Projekte (hier: Aufträge) verrechnet. Die Kosten der Aufträge werden mittels Auftragsabrechnung den Kostenträgern belastet. Die Ausgestaltung der einzelnen betriebswirtschaftlichen Objekte wie Kostenstellen, Aufträge oder Kostenträger wird unternehmensspezifisch festgelegt.

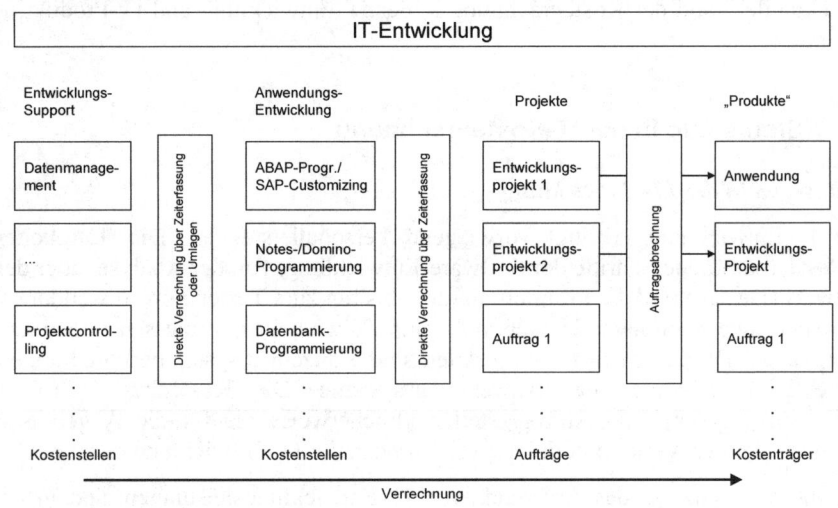

Abb. 61. Verrechnungslogik in der IT-Entwicklung

Abschließend läßt sich festhalten: Eine IT-Entwicklungsleistung gilt dann als erfolgreich, wenn sie mit den geplanten Ressourcen in der geplanten Zeit die definierte Qualität bereitstellt. Die Ressourceneffizienz der entwickelten Leistung in der Produktion ist in diesem Zusammenhang zweitrangig. Dies bedeutet, daß die zu erwartenden IT-Produktionskosten bei der Entwicklung von Anwendungssystemen nur eine untergeordnete Rolle spielen und dies, obwohl mit dem Abschluß der Software-Entwicklung Art und die Menge des Ressourcenverbrauchs für die IT-Produktion im wesentlichen bestimmt sind. Nachträglich lassen sich in der IT-Produktion die Kosten nur in engen Grenzen, z.B. durch Optimierungs-Maßnahmen, reduzieren.

Status-quo in der IT-Produktion

Die IT-Produktion erbringt Maschinen- und Personalleistungen. Die Maschinenleistungen umfassen die Verarbeitung, Speicherung und Übertragung von Daten, die Personalleistungen das Management der technischen Infrastruktur. Die Maschinenleistungen überwiegen und sind technisch definiert. Typische Bezugsgrößen in der Verarbeitung sind CPU-Sekunden oder Million-Instructions-per-Second (MIPS). Die Speicherung der Daten wird in Gigabyte Speicherplatz gemessen. Bei der Übertragung wird entweder die Bandbreite der zur Verfügung stehenden Übertragungskapazität oder die Menge der übertragenen Daten gemessen. Bei den Leistungsarten handelt es sich um verarbeitete, gespeicherte oder übertragene Daten. Die Definition und Strukturierung von Kostenträgern läßt sich in Kostenträger mit (direktem) Leistungsarten-Charakter, z.B. Anwendungstransaktionen oder Hardware-Ressourcennutzung, und Kostenträger mit Auftragsbezug, z.B. Geschäftsbereiche oder Anwendungssysteme, unterscheiden [Mai 1996].

Für die Aufwandsschätzung ist die Schätzung der von den zu betreibenden Anwendungssystemen verbrauchten Infrastruktur-Ressourcen von zentraler Bedeutung. Die Möglichkeiten der Schätzung reichen von einfachen Daumenregeln über Trend-Analysen, analytischen und simulativen Modellen bis hin zu komplexen Benchmarks. Die zunehmende Komplexität erlaubt zwar präzisere Schätzungen, bedeutet allerdings auch einen höheren finanziellen Aufwand.

Trotz der methodischen Basis und der Vielzahl an Möglichkeiten zur Ressourcenschätzung wird diese von den meisten Leistungserbringern nur im Bereich der Großrechner und für den Einsatz von Standardsoftware betrieben. Zur Dimensionierung der Infrastruktur für SAP R/3-Anwendungen und Oracle-Datenbanken stehen beispielsweise spezielle Software-Werkzeuge (Sizing-Tools) zur Verfügung. Auf der Basis von Erfahrungsdaten bereits erbrachter IT-Produktionsleistungen prognostizieren diese anhand der vom Leistungsabnehmer bereitgestellten Daten zur Nutzungsintensität und zum zeitlichen Verlauf der Nutzung die erforderliche Dimensionierung der Produktions-Infrastruktur. Im Bereich von Unix- und Windows-Umgebungen werden kaum Schätzverfahren angewendet. Statt dessen wird bei zu geringer Dimensionierung die Kapazität nachträglich erhöht.

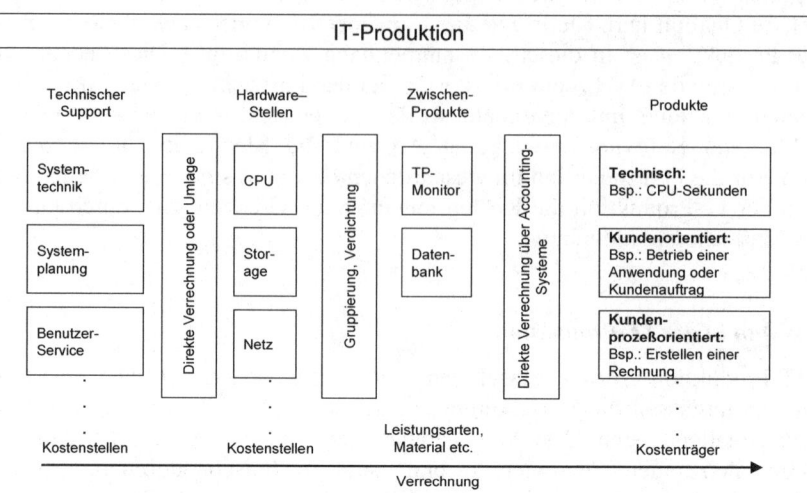

Abb. 62. Verrechnungslogik in der IT-Produktion

Abb. 62 zeigt die heute vorherrschende Verrechnungslogik für IT-Produktionslei-stungen. Die Support-Kostenstellen werden mittels direkter Verrechnung oder Umlagen auf die Hardware-Stellen entlastet. Diese Leistungen werden zu Zwischenprodukten gruppiert und/oder zusammengefaßt. Zwischenprodukte beschreiben Leistungsarten, die üblicherweise auf der Basis von Accountingdaten direkt auf die Kostenträger, und damit auf die Leistungen der IT-Produktion, verrechnet werden. Ist ein Kostenträger technisch definiert, findet eine unmittelbare Zuordnung von Leistungsarten zu Kostenträgern statt. Im Falle kunden- oder geschäftsprozeßorientierter Kostenträgerdefinitionen erfolgt eine Bündelung verschiedener Leistungsarten. Wie auch in der IT-Entwicklung, wird die Ausgestaltung der einzelnen betriebswirtschaftlichen Objekte letztlich unternehmensspe-zifisch festgelegt.

Aufgrund der besonderen Fixkostenproblematik innerhalb der IT-Produktion wurden die bestehenden IT-Produktions-Kostenrechnungssysteme in den vergangenen Jahren verstärkt um Elemente der Prozeßkostenrechnung erweitert. Die für die Produktion einer Leistung notwendigen Prozesse, mit den zugehörigen Prozeßkosten, werden einzelnen Aktivitätszentren zugeordnet. Mittels definierter „Cost-Driver" erfolgt, analog zur Verrechnung der Leistungsarten in der traditionellen Kostenrechnung, die Zuordnung der Prozeßkosten zu den Kostenträgern [Fürer 1994].

Abschließend läßt sich festhalten: Primäres Ziel der IT-Produktion ist die Optimierung der Kosten der eingesetzten Produktionsressourcen. Typische Kenngrößen in IT-Produktionsbenchmarks, wie z.B. Kosten pro MIPS oder Kosten pro

GB, belegen dies. Diese Kenngrößen beziehen sich nicht auf den Output des Leistungserbringers als Ganzes, d.h. auf die Unterstützung von Geschäftsprozessen durch IT-Leistungen, sondern geben Auskunft über die Kosten für die Bearbeitung des Outputs. Die Wirksamkeit bei der Erstellung von IT-Leistungen als Ganzes wird nicht betrachtet. Aus Sicht der IT-Produktion läßt sich hierfür ein einfacher Grund anführen: Der Einfluß auf die Anwendungsentwicklung bei der Festlegung der Plattform, Architektur und letztlich auch der konkreten Umsetzung ist sehr begrenzt.

Fazit und Bewertung

Die Ausführungen zum Status-quo haben gezeigt, daß sowohl innerhalb der IT-Entwicklung als auch innerhalb der IT-Produktion wirksame kostenrechnerische Instrumente existieren. Allerdings fehlt eine systematische kostenmäßige Integration im Sinne einer lebenszyklusorientierten Produktbetrachtung. Dies birgt die Gefahr von Ineffizienzen bei der Leistungserstellung, die im wesentlichen auf drei Ursachen beruhen:

- Bedingt durch die separaten Liefer- und Leistungsbeziehungen der IT-Entwicklung und IT-Produktion zu den Leistungsabnehmern haben beide Bereiche in der Vergangenheit ihre eigenen, jeweils leistungsspezifischen Leistungsdefinitionen etabliert. Eine gemeinsame Leistungsdefinition, die die Leistungen der Entwicklung und der Produktion integriert, existiert heute, wenn überhaupt, nur ansatzweise in der Abrechnung und nicht zum Zeitpunkt der Planung.

- Die fehlende Integration hat zur Konsequenz, daß es keinen Zwang einer frühzeitigen Abstimmung von Entwicklung und Produktion gibt, obwohl beide nur gemeinsam einen echten Nutzen für den Leistungsabnehmer erbringen können. Die wechselseitigen Abhängigkeiten und Optimierungspotentiale bleiben in der Produktplanung weitgehend unberücksichtigt.

- Um Optimierungspotentiale im Zusammenspiel von Entwicklung und Produktion identifizieren zu können, bedarf es einer kostenrechnerischen Bewertung sämtlicher Handlungsalternativen bereits in der Phase der Leistungsplanung. Zwar können heute technische Abhängigkeiten und Anforderungen relativ frühzeitig beschrieben werden, die Auswirkungen auf die gesamthafte Wirtschaftlichkeit und Effizienz des Leistungserbringers lassen sich wegen der fehlenden kostenrechnerischen Instrumente jedoch nur unzureichend beziffern.

4.2.2 Integrierte Kostentabellen als Kalkulationsinstrument

Um die beschriebenen Defizite der heutigen Kalkulationsverfahren zu vermeiden, sollte ein Ansatz zur integrierten Kalkulation von IT-Produkten die folgenden Merkmale aufweisen:

- Er sollte die *Verwendung einer kundenorientierten, einheitlichen Leistungs-definition* sowohl in der Entwicklung als auch der Produktion beinhalten.

- Er sollte sich verstärkt *auf die Phase der Produktplanung konzentrieren*, da im Rahmen der Planung bereits ein Großteil der späteren Produktionskosten festgelegt wird (siehe Kapitel 2.4).

- Er sollte eine *integrierte Kostensicht von Entwicklung und Produktion* schaffen.

- Und er sollte sich *wirtschaftlich und praktikabel umsetzen lassen*.

Ein Instrument, welches diesen Anforderungen weitgehend gerecht wird, stellen Kostentabellen dar. Sie kommen heute vor allem in der japanischen Fertigungsindustrie zum Einsatz und dienen der Schätzung und Planung von Produktkosten. In einer Kostentabelle werden unterschiedliche Entwicklungs- und Produktionsalternativen einer Leistung kostenmäßig gegenübergestellt. Im Rahmen der Kalkulation eines IT-Leistungserbringers lassen sie sich somit als Instrument zur Entscheidungsunterstützung einsetzen.

Für die Realisierung einer IT-Leistung existieren in der Regel unterschiedliche Entwicklungs- und Produktionsalternativen. So kann eine Leistung in der Entwicklung beispielsweise mit Hilfe einer monolithischen Anwendung realisiert werden, die alle benötigten Funktionen enthält, oder aber durch den Einsatz einer modularen Architektur, bestehend aus mehreren einzelnen Anwendungsmodulen, gestaltet werden. Auch beim Einsatz von Standardlösungen stehen meist unterschiedliche Entwicklungsvarianten zur Verfügung. So kann eine IT-Leistung "E-Mail-Service" beispielsweise entweder auf der Basis einer Microsoft-Exchange-Plattform oder einer Lotus-Notes-Plattform entwickelt werden.

Ebenso wie für die Entwicklung gibt es für die Produktion einer IT-Leistung unterschiedliche Alternativen. In Abhängigkeit von den Anforderungen, insbesondere auch von den vom Leistungsabnehmer nachgefragten Mengen, stehen vielfältige Möglichkeiten zur Gestaltung der Produktionsinfrastruktur zur Verfügung. So können unterschiedliche Server-Plattformen, Speicherkonzepte oder Netzwerktopologien zum Einsatz kommen. Diese Alternativen werden im folgenden als Produktionsalternativen bezeichnet.

Teilweise werden durch die Wahl einer Entwicklungsalternative bestimmte Produktionsalternativen ausgeschlossen. Wird beispielsweise die oben erwähnte IT-Leistung "E-Mail-Service" auf der Basis einer Microsoft-Exchange-Lösung entwickelt, so kommen für die Produktion Unix-Server nicht in Frage. Trotz dieser Einschränkungen gibt es dennoch in der Regel für jede Entwicklungsalternative unterschiedliche Produktionsalternativen, da sich die Produktionssysteme etwa hinsichtlich der Skalierbarkeit und der Verfügbarkeit unterscheiden können.

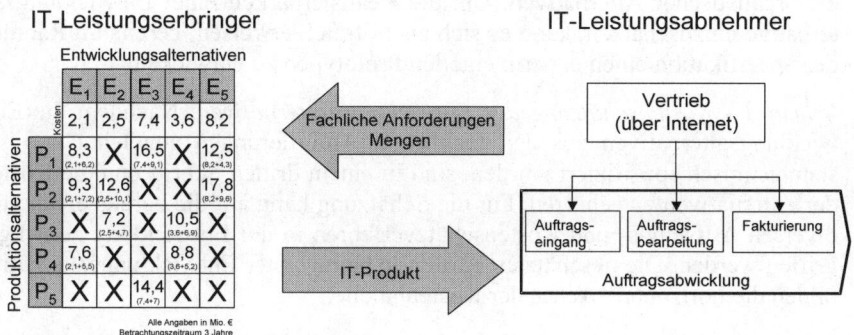

Abb. 63. Matrix der Entwicklung- und Produktionsalternativen

Die Erstellung einer integrierten Kostentabelle erfolgt in mehreren Schritten und wird im folgenden anhand eines Beispiels erläutert (siehe Abb. 63):

- *Schritt 1 - Spezifikation der fachlichen Anforderungen und Mengen*: Ein Leistungsabnehmer möchte für seinen Geschäftsprozeß "Internet-Vertrieb" ein IT-Produkt zur Unterstützung der Auftragsabwicklung einkaufen. Dieses soll den Auftragseingang, die Auftragsbearbeitung und die Fakturierung unterstützen. In einem ersten Schritt muß der Leistungsabnehmer die fachlichen, d.h. funktionalen, Anforderungen an das benötigte IT-Produkt spezifizieren. Darüber hinaus ist ein Mengengerüst, z.B. die Anzahl Auftragsabwicklungen pro Jahr, zu kalkulieren. Das Mengengerüst hat großen Einfluß auf die Auswahl der technischen Realisierungsmöglichkeiten und somit auch auf die Kosten des Produktes. Ein Produkt für eine internetbasierte Auftragsabwicklung von täglich 20 Aufträgen ist anders zu konzipieren als eine Lösung für 20.000 tägliche Aufträge. Je präziser die Mengenplanung dem späteren tatsächlichen Mengenbedarf entspricht, um so geringer ist die Gefahr einer falschen Dimensionierung der Lösung, insbesondere im Bereich der Produktion.

- *Schritt 2 - Definition der Entwicklungsalternativen*: Auf der Grundlage der fachlichen Anforderungen und Mengen kann der Leistungserbringer mögliche Entwicklungsalternativen ableiten und spezifizieren. Im Rahmen der Spezifikation werden unterschiedliche Alternativen, beispielsweise hinsichtlich der Architektur (Art und Anzahl der Module, Organisation von Funktionalität und Datenhaltung, Art und Anzahl der Schnittstellen), der Benutzeroberfläche, dem Einsatz von Standardlösungen oder dem erforderlichen Betriebssystem, beschrieben. Obwohl die Spezifikation mehrerer Entwicklungsalternativen einen hohen Aufwand in der Planungsphase bedeutet, läßt sich dieser bei einer gesamthaften Betrachtung des Produktlebenszyklus rechtfertigen, da mit der Spezifikation ein Großteil der späteren Lebenszykluskosten des Produktes festgelegt werden. Allerdings sollte nicht eine möglichst große Zahl theoretischer Entwicklungsalternativen spezifiziert werden, sondern eine überschaubare Anzahl realistischer Alternativen. Um die Realisierbarkeit einer Entwicklungsalternative einzuschätzen, kann es sich als hilfreich erweisen, bereits im Rahmen der Spezifikation einen experimentellen Prototypen zu entwickeln.

- *Schritt 3 - Kostenschätzung der Entwicklungsalternativen*: Nachdem die Entwicklungsalternativen aus den fachlichen Anforderungen abgeleitet und systemtechnisch spezifiziert wurden, sind in einem dritten Schritt nun die Kosten der Alternativen zu schätzen. Für die Schätzung kann auf die bereits erwähnten diversen Aufwands- und Kostenschätzverfahren in der Entwicklung zurückgegriffen werden. Die geschätzten Kosten je betrachteter Entwicklungsalternative bilden die horizontale Achse der Kostentabelle.

- *Schritt 4 - Schätzung der Verbrauchsmengen in der Produktion*: Die späteren Produktionskosten eines IT-Produkts hängen stark von der Ausgestaltung der technischen Parameter in der Entwicklung ab. Jede Entwicklungsalternative besitzt folglich spezifische Eigenschaften hinsichtlich der Inanspruchnahme von Produktionsressourcen. Während die eine Entwicklungsalternative etwa eine sehr effiziente Produktion ermöglichen würde, kann eine andere Alternative zu einem im Verhältnis deutlich höheren Verbrauch von Produktionsressourcen führen. Von entscheidender Bedeutung ist daher, bereits in der Planungsphase eine Schätzung der zu erwartenden Verbrauchsmengen an Produktionsressourcen für jede Entwicklungsalternative vorzunehmen. Während dieses Vorgehen in der industriellen Fertigung durch die Erstellung von Stücklisten im Rahmen der Arbeitsvorbereitung grundsätzlich erfolgt, ist es im Bereich der IT weitgehend unbekannt. Eine Stückliste für ein IT-Produkt muß demnach spezifizieren, welche und wie viele Produktionsressourcen die Herstellung eines Produktes verbraucht. In der IT-Produktion lassen sich zu diesem Zweck die drei Basisleistungsarten "Verarbeiten", "Speichern" und "Übertragen" unterscheiden. Für jede Entwicklungsalternative ist nun eine Stückliste zu erstellen, die angibt, welche Menge der jeweiligen Basisleistungsart die Produktion eines IT-Produktes verbraucht (siehe Abb. 64).

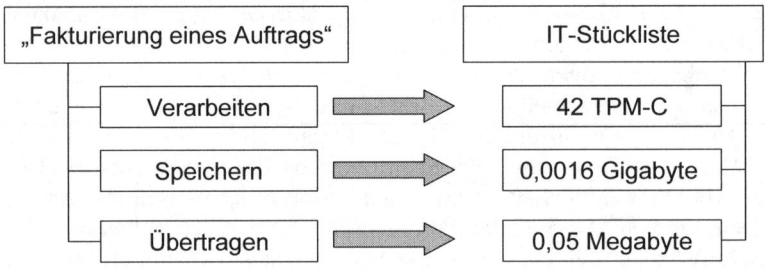

Abb. 64. Stückliste für das IT-Produkt "Fakturierung"

Die konkreten Verbrauchsmengen können entweder auf der Basis von Erfahrungswerten ermittelt oder mit Hilfe von Schätzverfahren prognostiziert werden. Ersteres ist insbesondere bei bereits existierenden IT-Produkten möglich, beispielsweise auf Basis bekannter Auslastungs- und Performancedaten aus der Produktion. Für ein gänzlich neues Produkt, für das keine Erfahrungswerte oder Ist-Daten aus der Produktion vorliegen, kann alternativ auf Methoden des Software Performance Engineerings (SPE) zurückgegriffen werden. SPE erlaubt es, die Performance und Ressourcenauslastung von Anwendungssystemen bereits im Entwicklungsstadium zu prognostizieren [Dumke et al. 2001].

- *Schritt 5: Definition der Produktionsalternativen*: Analog zur Vorgehensweise in der Entwicklung sind mögliche Produktionsalternativen für ein IT-Produkt zu spezifizieren. Diese ergeben sich vor allem aus der konkreten Ausgestaltung von Parametern wie Hardware (z.B. Plattform, Prozessortyp, Prozessoranzahl), systemnaher Software (z.B. Betriebssystem und Datenbankmanagementsystem), Speichermedien (Art, Anzahl, Größe), Skalierbarkeit und Verfügbarkeit.

- *Schritt 6 - Kostenschätzung der Produktionsalternativen*: Die Kosten einer Produktionsalternative setzen sich im wesentlichen aus Hardware-, Software- und Personalkosten zusammen. Hinzu kommen sonstige Kosten, z.B. für Miete oder Strom. Die Produktionskosten hängen von der zugrunde liegenden Entwicklungsalternative ab, da jede Entwicklungsalternative einen individuellen Ressourcenverbrauch verursacht. So können sich zwei Entwicklungsalternativen beispielsweise in ihrem Bedarf an Rechenleistung voneinander unterscheiden, was zu unterschiedlichen Anforderungen an die Hardware und somit auch zu unterschiedlichen Produktionskosten führt. Die konkreten Produktionskosten lassen sich auf der Grundlage der Stückliste und der nachgefragten Produktmenge ermitteln, da man mit deren Hilfe die insgesamt benötigten Mengen an Rechen-, Speicher- und Übertragungsleistung berechnen kann. Diese Verbrauchsmengen bilden die Basis für die Auswahl und Dimensionierung der Produktionsalternativen. Darüber hinaus ist auch der zu betrachtende Produktionszeitraum zu berücksichtigen. Während die Entwicklungskosten unabhängig von der Lebensdauer des Produktes anfallen, sind die Produktionskosten von der Lebensdauer abhängig. Die Gesamtkosten je Produktionsalternative bilden in Abhängigkeit von der Entwicklungsalternative die vertikale Achse der Kostentabelle.

- *Schritt 7 - Ermittlung der Gesamtkosten*: Durch die Addition von Entwicklungs- und Produktionskosten lassen sich die Gesamtkosten für jede Alternativenkombination ermitteln (siehe Abb. 65). Die Gesamtkosten beziehen sich dabei, ebenso wie die Produktionskosten, immer auf einen definierten Betrachtungszeitraum. Eine Berechnung der Stückkosten eines IT-Produktes ist möglich, indem die Gesamtkosten durch die Anzahl der nachgefragten Produkte dividiert werden.

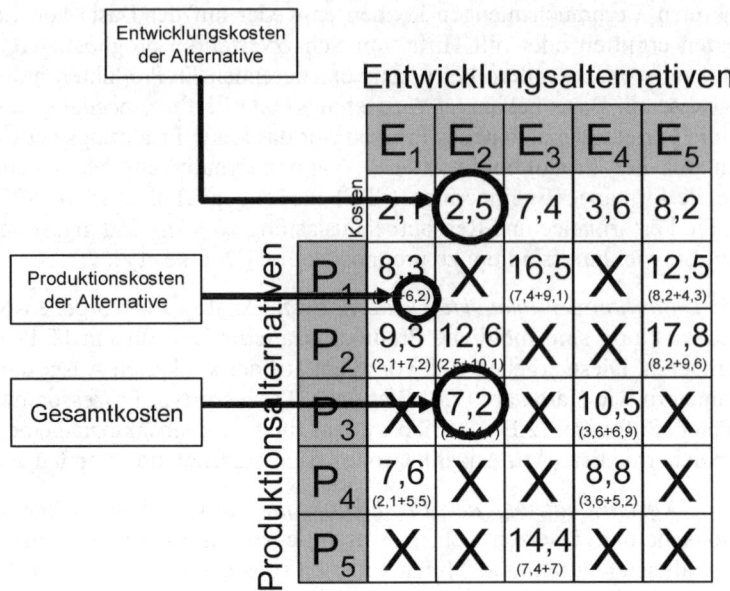

Abb. 65. Integrierte IT-Kostentabelle

In dem in Abb. 65 dargestellten Beispiel erkennt man, daß unter reinen Kostenge-
sichtspunkten die Kombination der Entwicklungsalternative E_2 und der Produktionsalternative P_3 bei einem Betrachtungszeitraum von 3 Jahren mit Gesamtkosten
in Höhe von 7,2 Mio. Euro die beste Lösung darstellt. Dies muß jedoch nicht
zwangsläufig bedeuten, daß diese Kombination auch realisiert wird. So könnte
eine andere Kombination zwar teurer, jedoch beispielsweise deutlich besser nach
oben skalierbar sein. Hat der Leistungserbringer die Absicht, das Produkt gegebenenfalls auch an andere Kunden zu verkaufen, was zu einer höheren Produktions-
menge führen würde, so könnte diese Alternativenkombination für ihn trotz der
höheren Grundkosten vorteilhaft sein.

Insgesamt ermöglicht eine integrierte IT-Kostentabelle einem Leistungserbringer
eine umfassende, lebenszyklus- und produktorientierte Kostenkalkulation. Sie
kann zum einen als Grundlage für den Vergleich unterschiedlicher Entwicklungs-
und Produktionsalternativen genutzt werden und zum anderen als Grundlage für
Preisberechnungen und Verhandlungen mit Leistungsabnehmern dienen.

4.2.3 Prototypische Umsetzung ausgewählter Elemente

Ein zentraler Baustein des vorgestellten Lösungskonzeptes wurde auf der Basis von SAP prototypisch realisiert. Der Prototyp erlaubt

- die Definition und Spezifikation unterschiedlicher Produktionsalternativen für ein IT-Produkt (Schritt 5) und

- die kostenmäßige Bewertung der Produktionsalternativen für eine vorgegebene Entwicklungsalternative (Schritt 6).

Der Prototyp stellt einem Produktmanager eines IT-Leistungserbringers ein Instrument zur Verfügung, das es ihm auf der Grundlage einer konkreten Entwicklungsalternative ermöglicht, die Produktionskosten eines Produktes vorab zu kalkulieren, und zwar für unterschiedliche Produktionsalternativen. Bei der Kalkulation werden auch Restkapazitäten auf bereits verwendeten Servern berücksichtigt. Der Prototyp wird im folgenden an einem Beispiel vorgestellt.

Ein Leistungserbringer möchte die Produktionskosten für das IT-Produkt "Internetvertrieb unterstützen" kalkulieren. Die funktionalen Anforderungen des Kunden an das Produkt sind bekannt. Es wurden zwei unterschiedliche Entwicklungsalternativen für das Produkt spezifiziert. Für jede Entwicklungsalternative sollen nun die zu erwartenden Produktionskosten unter Berücksichtigung der vorhandenen Produktionsinfrastruktur kalkuliert werden.

Ressource	Hersteller	Ressourcenbeschreibung	Prozessor-Typ	Prozessor OS
1	Fujitsu Siemens	PRIMERGY R450	Intel Xeon MP 2.00 GHz	4 Microsoft Windows Server 2003 Enterprise Edition
2	Fujitsu Siemens	PRIMERGY T850	Intel MP 1.6GHz	8 Microsoft Windows Server 2003 Enterprise Edition
3	Fujitsu Siemens	PRIMERGY R450	Intel Xeon MP 1.6GHz	4 Microsoft Windows 2000 Advanced Server
4	Fujitsu Siemens	PRIMERGY H250	Intel Xeon 2.20 GHz	2 Microsoft Windows 2000 Advanced Server
5	Fujitsu Siemens	Primergy F200	Intel Pentium III 1266 MHz	2 Microsoft Windows 2000 Server SP2
6	Fujitsu Siemens	PRIMERGY H400 C/S with 3 PRIMERG	Intel Pentium III Xeon 900 MHz	4 Microsoft Windows 2000

Ressource	Hersteller	Ressourcenbeschreibung	Prozessor-Typ	Prozessor OS
1	HP	HP 9000 Model Superdome Enterprise S	HP PA-RISC 8700 875MHz	64 HP UX 11.i 64-bit
2	HP	HP 9000 Superdome Enterprise Server	HP PA-RISC 8700 750MHz	64 HP UX 11.i 64-bit
3	HP	hp server rp8400	HP PA-RISC 8700 750MHz	16 HP UX 11.i 64-bit

Ressource	Hersteller	Ressourcenbeschreibung	Prozessor-Typ	Prozessor OS
1	IBM	IBM eServer pSeries 690 Model 7040-68	IBM POWER4+ 1.9GHz	32 IBM AIX 5L V5.2
2	IBM	IBM eServer pSeries 690 Turbo 7040-68	IBM Power 4 1700 MHz	32 IBM AIX 5L V5.2
3	IBM	IBM eServer pSeries 690 Turbo 7040-68	IBM Power 4 1700 MHz	32 IBM AIX 5L V5.2
4	IBM	IBM eServer pSeries 690 Turbo 7040-68	IBM Power 4 1700 MHz	32 IBM AIX 5L V5.2
5	IBM	IBM eServer pSeries 660 Model 6M1	IBM RS64 IV 750MHz	8 IBM AIX 4.3.3
6	IBM	IBM eServer pSeries 680 Model 7017-S8	IBM RS64 IV 600 MHz	24 IBM AIX 4.3.3
7	IBM	IBM eServer pSeries 660	IBM RS64 IV 668 MHz	6 IBM AIX 4.3.3

Abb. 66. Übersicht aller möglichen Produktionsressourcen für eine Entwicklungsalternative

Die Spezifikation der Entwicklungsalternative 1 erlaubt eine Produktion auf den in Abb. 66 dargestellten Hardware-Ressourcen. Jede Ressource muß zunächst mit ihren technischen und betriebswirtschaftlichen Informationen im System detailliert beschrieben werden. Abb. 67 zeigt dies für die technischen Informationen beispielhaft für einen Server. Zunächst sind grundlegende Angaben zu Servertyp,

CPU-Anzahl, CPU-Typ, Betriebssystem-Typ und Betriebssystem-Version zu machen. Der Server erbringt die zwei Leistungsarten "Speicherung", gemessen in Gigabyte, und "Verarbeitung", gemessen in TPM-C (Transactions per Minute-C). Für jede Leistungsart können die Maximalkapazität (CAP_SLAM), der sogenannte K-Punkt (KPP_SLAM), d.h. der Auslastungsgrad, ab dem in der Praxis mit einem Performance-Einbruch des Servers zu rechnen ist, und die Plan-Kapazität (PLM_SLAM), auch Plan-Auslastung genannt, spezifiziert werden.

In der Abbildung nicht dargestellt sind die betriebswirtschaftlichen Beschreibungsmerkmale des Servers. Dies sind zum einen finanzielle Größen wie z.B. Kaufpreis und jährliche Abschreibungen. Zum anderen müssen die in SAP-CO geführten Kostenarten der Produktion den Leistungsarten "Verarbeitung" und "Speicherung" entweder direkt oder unter Verwendung von Verteilungsschlüsseln zugeordnet werden. Das System bietet zu diesem Zweck die Möglichkeit, Zuordnungsschlüssel dauerhaft zu hinterlegen.

Abb. 67. Technische Ressourcenmerkmale eines Servers

Damit sind die Voraussetzungen für die Produktkalkulation geschaffen. Die kaufmännischen Informationen aus SAP-CO, d.h. die Kostenarten- und Kostenstellenrechnung, sowie sämtliche Informationen der technischen Ressourcen sind im System zusammengeführt. Den Kern des Systems bildet ein Produktkonfigurator, der diese Informationen nach definierten Kriterien kombiniert. Abb. 68 zeigt die Funktionsweise des Produktkonfigurators am Beispiel des Produkts "Internetvertrieb unterstützen". Das Produkt soll ab dem Planjahr 2005 für eine angenommene Nutzungsdauer von 3 Jahren bereitgestellt werden. Um den Anforderungen der Leistungsabnehmer gerecht zu werden, ist für die Entwicklungsalternative 1 ein Kapazitätsbedarf in Höhe von 245.000 TPM-C erforderlich. Für den Nutzungszeitraum von 3 Jahren beläuft sich der Gesamtbedarf auf 25,2 Mio. normierte Transaktionen. Analog beträgt der zeitpunktbezogene Bedarf an Speicherkapazität 2,5 GB, der Bedarf insgesamt 1.620 GB-Monate. Qualitative Anforderungen an das Produkt, z.B. hinsichtlich des Betriebsssystems, des Datenbankmanagementsystems oder des Prozessortyps, können ebenfalls spezifiziert werden.

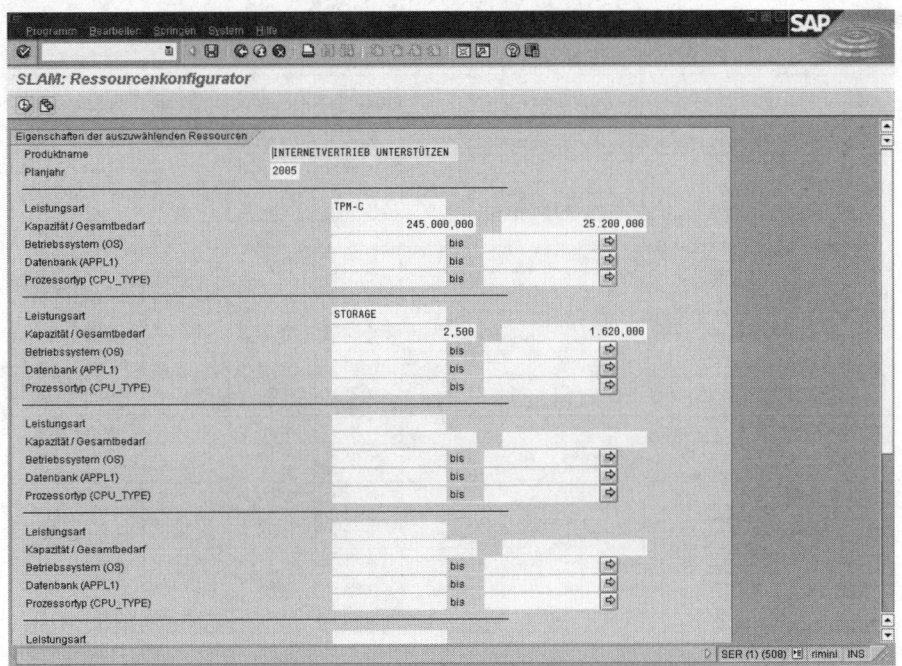

Abb. 68. IT-Produktkonfigurator

Mit diesen Informationen lassen sich durch den Produktkonfigurator die Produktionskosten auf allen in Frage kommenden Hardware-Kombinationen berechnen (siehe Abb. 69). Dabei werden sowohl die qualitativen als auch die quantitativen Anforderungen berücksichtigt. Jede mögliche Ressourcen-Kombination wird als Variante bezeichnet. Für jede Ressource und jede Leistungsart werden die Produktionskosten unter Zugrundelegung der unterschiedlichen Kapazitäten dargestellt: Zunächst die Kosten bei einer Maximauslastung, dann die Kosten bei einer Auslastung bis zum K-Punkt beziehungsweise zur Plan-Auslastung. Die vorletzte Spalte zeigt die Leistungsartengesamtkosten.

Dem Beispiel läßt sich entnehmen, daß in der Variante 7 die beiden technischen Leistungsarten TMP-C und STORAGE von einer technischen Ressource, nämlich Ressource 7 (Rechner 1) der Modellgruppe 1 (IT-Plattform 1) abgegeben werden können. Die Herstellung des Produktes "Internetvetrieb unterstützen" führt hier zu Kosten unter Nutzung des HK-max.-Kap-Wertes von ca. 135.376 Euro, bzw. ca. 151.140 Euro für den HK-K-Punkt-Wert und ca. 500.948 Euro für den HK-Planm.-Wert.

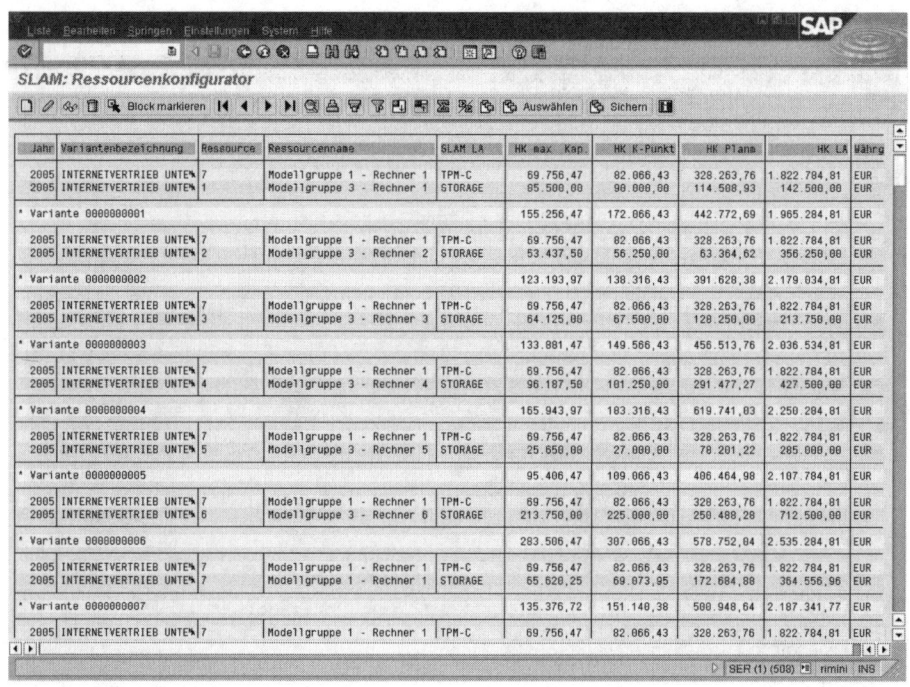

Abb. 69. Produktionskostenübersicht

4.3 Lebenszykluskosten von IT-Anwendungen[3]

Bei der Analyse ihrer Kostenstrukturen stellen viele IT-Bereiche fest, daß Investitionen in neue IT-Vorhaben einen immer kleineren Teil der Gesamtkosten der IT ausmachen. So betrugen sie beispielsweise bei der Deutschen Bank im Jahr 2002 lediglich 27% [Lamberti 2002]. 73% des IT-Budgets wurden für die laufende Produktion (Betrieb, Wartung, Support) und die Weiterentwicklung existierender IT-Lösungen aufgewendet. Bsp. 10 belegt anhand weiterer Untersuchungen und Studien, daß es sich hierbei um eine durchaus typische Kostenverteilung handelt.

Bsp. 10. Studien zur Aufteilung von IT-Budgets

Es existieren Studien und Untersuchungen, die sich mit der Aufteilung von IT-Budgets auf die Kernaufgaben des Informationsmanagements auseinandersetzen. So führte eine Befragung von Versicherungsunternehmen im deutschsprachigen Raum zu dem Ergebnis, daß im Zeitraum 2000/2001 durchschnittlich 55% der IT-Ausgaben für nicht-wahlfreie Aufgaben (Betrieb und Wartung bestehender Infrastrukturen), 35% für wahlfreie Aufgaben (neue IT-Vorhaben) und 10% für Planung, Steuerung und Verwaltung ausgegeben wurden [Jahn et al. 2002]. Die Boston Consulting Group gibt die typische IT-Kostenverteilung mit 50-60% Betriebskosten, 30-40% Anwendungsentwicklungskosten (Erst- und Weiterentwicklung) und 10% Kosten für Hoheitsfunktionen (z.B. Controlling, Architektur) an [Thiel 2002]. Eine Studie des Beratungsunternehmens Cap Gemini Ernst & Young zu den IT-Trends 2003 stellte fest, daß große Teile der IT-Ausgaben bereits durch Entscheidungen in der Vergangenheit vorbestimmt sind und für neue Themen nur circa 30% des Budgets zur Verfügung stehen [Cap Gemini Ernst & Young 2003]. Rund 20% der Befragten haben gar weniger als 10% Spielraum in diesem Bereich.

Obwohl der grundlegende Zusammenhang zwischen einmaligen Projektkosten für die Planung und Erstentwicklung neuer IT-Lösungen und wiederkehrenden Kosten für die Produktion und Weiterentwicklung bestehender Lösungen bekannt ist und von Konzepten wie Total Cost of Ownership oder Life Cycle Costing aufgegriffen wird, spielt er bei der Analyse und Beurteilung von IT-Anwendungssystemen in der Praxis oft nur eine untergeordnete Rolle. So findet beispielsweise die kostenmäßige Bewertung und Priorisierung von Anwendungssystemen vorab vor allem auf der Basis des Entwicklungsprojektes statt. Produktionskosten fließen

---

[3] Die Inhalte dieses Kapitels basieren auf gemeinsamen Forschungsarbeiten der Autoren und Jochen Scheeg (siehe Zarnekow/Scheeg/Brenner: Untersuchung der Lebenszykluskosten von IT-Anwendungen, in: Wirtschaftsinformatik, 46(2004)3, S. 81-87)

allenfalls in Form eines prozentualen Aufschlags in die Wirtschaftlichkeitsbe-
trachtungen ein. Informationen über die tatsächliche Höhe der Produktionskosten
eines Anwendungssystems werden nur selten systematisch erfaßt und ausgewertet,
so daß das Wissen darüber beim Leistungserbringer begrenzt ist. Unsere Erfahrungen aus vielen Gesprächen mit IT-Führungskräften zeigen, daß man sich zwar
intuitiv der Bedeutung der laufenden Produktionskosten bewußt ist, aber weder
über Lebenszyklusmodelle noch über konkrete Zahlen und Fakten hinsichtlich der
Lebenszykluskosten der eigenen Anwendungssysteme verfügt.

In den Verfahren der Kostenplanung spiegelt sich dieser Sachverhalt ebenfalls
wider. Während für die Planung von Softwareentwicklungskosten eine Vielzahl
von Methoden und Werkzeugen existiert, begnügt man sich bei der Planung von
Produktionskosten in der Praxis mit groben Schätzverfahren oder Daumenregeln,
wie z.B. einer 20:80 Regel.

Um die tatsächliche Zusammensetzung der Lebenszykluskosten von Anwendungssystemen zu ermitteln, haben wir 30 Anwendungssysteme bei drei Partnerunternehmen des Competence Centers untersucht. Mit Hilfe eines strukturierten
Erhebungsrasters, das auf einem einheitlichen Lebenszyklusmodell basiert,
wurden in Interviews und Workshops mit Anwendungsprojektleitern und Systemverantwortlichen sowie dem Informationsverarbeitungs-Controlling (IV-Control-
ling) die tatsächlich entstandenen Lebenszykluskosten ermittelt. Die daran
anschließende Analyse konzentrierte sich vor allem auf die Verteilung der
Gesamtkosten der Anwendungssysteme auf die Phasen des Anwendungslebenszyklus und auf den Grad der Kostentransparenz.

4.3.1 Der IT-Anwendungslebenszyklus

Anwendungssysteme durchlaufen einen Lebenszyklus (siehe Kapitel 2.5). Abb. 70
zeigt dessen zentrale Phasen in zeitlicher Abfolge. Der Lebenszyklus eines neuen
Anwendungssystems beginnt mit einer Planungs- und Erstentwicklungsphase. Die
Erstentwicklung umfaßt dabei neben der eigentlichen Entwicklung auch Integrati-
ons- und Testleistungen. Mit Abschluß der Erstentwicklung wird das Anwendungssystem in Produktion genommen. Die Produktion beinhaltet den eigentlichen Betrieb des Anwendungssystems, den Anwendungssupport (vor allem den
Anwendersupport) und die kontinuierliche Wartung des Anwendungssystems.
Parallel zur Produktion findet die Weiterentwicklung des Anwendungssystems
statt. Im Gegensatz zur Wartung, die sich vor allem auf die Fehlerbehebung
konzentriert, werden im Rahmen der Weiterentwicklung neue Kundenanforderungen und funktionale Erweiterungen umgesetzt. Die letzte Phase des IT-Anwen-
dungszyklus bildet die Außerbetriebnahme.

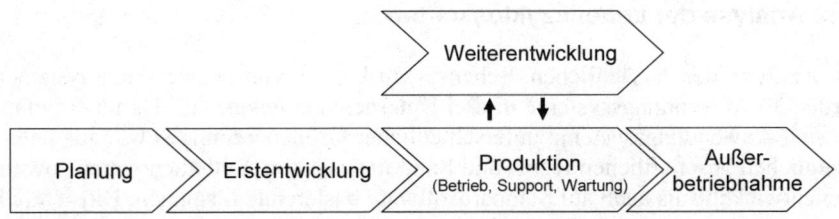

Abb. 70. Lebenszyklusphasen eines IT-Anwendungssystems

Jeder Lebenszyklusphase können konkrete Aufgaben zugeordnet werden. Diese sind übersichtsartig in Abb. 71 dargestellt. Bei der Betrachtung der Aufgaben fällt auf, daß sich die heute in der Praxis des Informationsmanagements eingesetzten Lebenszykluskonzepte vor allem auf das Management des Softwareentwicklungs-Lebenszyklus konzentrieren. Sie decken somit nur einzelne der in der Abbildung dargestellten Phasen und Aufgaben ab. Der Umgang mit gesamthaften Lebenszyklusmodellen ist dahingegen kaum verbreitet und findet allenfalls in Form von TCO Analysen bei der Beurteilung von Arbeitsplatzsystemen, Hardwareplattformen oder Systemsoftware Einsatz.

Lebenszyklusphase	Aufgabe
Planung	Projektplanung Grobkonzept Prototyp (Entwicklung, Test, Evaluation)
Erstentwicklung	Fachkonzeption/DV-Konzept Systemdesign Systementwicklung i.e.S. (Codierung) Integration Test Installation/Einführung
Produktion	Schulung Laufender Betrieb Korrigierende Wartung Anwendungssupport
Weiterentwicklung	Fachkonzeption/DV-Konzept Systemdesign Systementwicklung i.e.S. (Codierung) Integration Test Installation/Einführung
Außerbetriebnahme	Entsorgung phyischer Komponenten Datensicherung für Folgeverwendung Datenmigration

Abb. 71. Aufgaben innerhalb der Lebenszyklusphasen eines IT-Anwendungssystems

4.3.2 Analyse der Lebenszykluskosten

Zur Analyse der tatsächlichen Lebenszykluskosten von Anwendungssystemen wurden 30 Anwendungssysteme in drei Unternehmen untersucht. Darunter befanden sich Anwendungssysteme unterschiedlicher Größenordnung sowie aus unterschiedlichen geschäftlichen Kern- und Supportprozessen. Enthalten waren sowohl eigenentwickelte als auch auf Standardsoftware basierende Lösungen. Hinsichtlich der technischen Architektur wurden sowohl batch- als auch dialogorientierte Anwendungssysteme sowie Host- und Client/Server-basierte Lösungen betrachtet.

Die Grundlage für die Berechnung bildeten die durch ein Anwendungssystem verursachten Istkosten. Um eine Vergleichbarkeit der Kosteninformationen sicherzustellen, wurde der Kostenerhebung das im vorigen Abschnitt vorgestellte Lebenszyklusmodell zugrunde gelegt. Auf der Basis eines strukturierten Erhebungsrasters wurden gemeinsam mit Anwendungsprojektleitern und Systemverantwortlichen der beteiligten Unternehmen die bei jeder Aufgabe entstandenen Istkosten ermittelt. Zu den Istkosten zählen sämtliche einer Anwendung direkt zurechenbaren Hardware-, Software- und Personalkosten. Kosten für mehrfach genutzte Infrastrukturkomponenten, wie z.B. Middleware oder Datenbanken, wurden soweit wie möglich anteilig den Anwendungssystemen zugeordnet.

Stand: Juni 2003	Zeitangaben (in Jahren)			Istkosten (in Mio. €)					
	Gesamt-alter	davon Erstent-wicklung	davon Produk-tion	Gesamt-kosten	Planung	Erstent-wicklung	Weiterent-wicklung	Produktion	Außer-betrieb-nahme
Anwendung 1	16.4	3.0	12.4	-	-	-	-	-	-
Anwendung 2	9.3	1.8	5.9	-	-	3.30	25.40	-	-
Anwendung 3	3.4	1.8	0.8	-	-	14.00	4.90	5.48	-
Anwendung 4	7.2	2.0	3.9	137.33	1.80	24.71	2.72	108.10	-
Anwendung 5	7.4	-	4.8	-	-	85.00	38.00	117.80	-
Anwendung 6	2.4	1.6	0.6	63.99	2.07	30.00	24.10	7.82	-
Anwendung 7	8.3	2.9	3.4	-	-	2.30	2.96	1.57	-
Anwendung 8	3.3	1.0	0.8	2.96	0.13	2.08	0.00	0.75	-
Anwendung 9	3.2	0.3	1.8	3.44	0.36	0.41	1.30	1.37	-
Anwendung 10	8.4	2.9	3.4	31.20	2.40	13.00	3.50	12.30	-
Anwendung 11	4.9	2.9	0.4	-	0.20	0.90	-	-	-
Anwendung 12	9.4	1.3	4.2	19.35	0.70	0.55	2.50	15.60	-
Anwendung 13	2.0	2.0	-	-	1.64	-	-	-	-
Anwendung 14	9.4	3.0	3.9	-	-	13.00	-	-	-
Anwendung 15	2.8	2.1	-	-	2.60	19.21	1.02	-	0.00
Anwendung 16	4.0	0.8	2.5	-	-	0.58	0.39	0.20	-
Anwendung 17	11.4	2.9	6.3	-	50.00	80.00	-	52.08	-
Anwendung 18	3.1	0.6	2.2	16.33	0.39	1.02	9.50	5.42	-
Anwendung 19	2.9	2.0	0.9	4.86	0.10	1.37	0.00	3.39	-
Anwendung 20	3.3	0.8	1.4	5.49	0.72	1.96	0.50	2.31	-
Anwendung 21	3.4	0.4	2.4	0.64	0.13	0.21	0.12	0.18	-
Anwendung 22	5.8	0.3	4.8	0.90	0.01	0.19	0.06	0.64	-
Anwendung 23	7.3	2.3	3.7	3.36	0.27	1.13	0.67	1.22	0.07
Anwendung 24	2.9	0.9	1.4	0.50	0.13	0.13	0.10	0.14	-
Anwendung 25	5.3	1.0	2.4	1.87	0.11	0.64	0.32	0.80	-
Anwendung 26	2.4	0.9	-	-	3.00	-	-	-	-
Anwendung 27	6.4	1.9	2.5	8.09	1.07	1.07	2.67	3.15	0.13
Anwendung 28	5.0	2.9	-	-	0.20	6.00	-	-	-
Anwendung 29	3.8	0.8	2.4	-	0.10	2.40	-	0.71	-
Anwendung 30	3.3	1.0	0.8	9.56	0.29	7.20	0.67	1.30	0.10
Minimum	2.0	0.3	0.4	0.50	0.01	0.13	0.00	0.14	0.00
Maximum	16.4	3.0	12.4	137.33	50.00	85.00	38.00	117.80	0.13
Durchschnitt	5.6	1.7	3.1	19.37	2.97	11.57	5.52	15.56	0.08

Abb. 72. Alter und Istkosten der betrachteten Anwendungssysteme

Abb. 72 zeigt grundlegende Angaben zum Alter der betrachteten Anwendungssysteme und den ermittelten Istkosten, aufgeteilt auf die Lebenszyklusphasen. Das Gesamtalter der Anwendungssysteme lag zwischen 2 und 16,4 Jahren und beträgt im Mittel 5,6 Jahre. Das Gesamtalter umfaßt den Zeitraum vom Beginn der Planung bis zur Außerbetriebnahme, bzw. bei noch in Produktion befindlichen Anwendungssystemen bis zum Zeitpunkt der Untersuchung. Das Alter wirkt sich in erster Linie auf die Produktionsdauer aus. So waren sowohl junge Anwendungssysteme, mit einer Produktionsdauer von im Minimum 0,4 Jahren, als auch alte Anwendungssysteme, mit einer Produktionsdauer von im Maximum 12,4 Jahren, enthalten. Die durchschnittliche Produktionsdauer betrug 3,1 Jahre. Die Gesamtkosten der Anwendungssysteme liegen zwischen 0,5 Mio. Euro und 137,33 Mio. Euro. Die Kosten für die Außerbetriebnahme waren in den meisten Fällen nicht bekannt, da es sich um noch in Produktion befindliche Anwendungssysteme handelte.

Die in Abb. 72 aufgeführten absoluten Istkosteninformationen sind für eine Berechnung der anteiligen Kosten einer Phase an den gesamten Lebenszykluskosten nur bedingt geeignet. Dies liegt vor allem an dem stark unterschiedlichen Alter der Anwendungssysteme. Bei einem Anwendungssystem, das erst vor kurzem in Produktion genommen wurde, ist der relative Anteil der Erstentwicklungskosten an den Gesamtkosten sehr hoch, da bisher kaum Produktions- und Weiterentwicklungskosten angefallen sind. Dahingegen fällt bei alten Anwendungssystemen der relative Anteil der Produktions- und Weiterentwicklungskosten hoch aus. Die endgültige Kostenverteilung läßt sich erst nach der Außerbetriebnahme des Anwendungssystems, d.h. am Ende des Anwendungslebenszyklus, beurteilen. Da sich die überwiegende Zahl der betrachteten Anwendungssysteme zum Zeitpunkt der Untersuchung noch in Produktion befand, schied diese Möglichkeit aus. Statt dessen werden im folgenden die Lebenszykluskosten für eine angenommene Gesamtproduktionsdauer von 5 Jahren berechnet. Die Kosten der Anwendungssysteme wurden zu diesem Zweck auf der Grundlage der Istkosteninformationen auf die angenommene Produktionsdauer extrapoliert.

Bei den Planungs- und Erstentwicklungskosten handelt es sich um einmalige Kosten. Sie sind unabhängig von der Gesamtlebensdauer. Die Kosten für Weiterentwicklung und Produktion wachsen mit zunehmender Gesamtlebensdauer. Aus diesem Grund wurden die absoluten Werte auf die angenommene Gesamtproduktionsdauer hoch- bzw. herabgerechnet. Durch die Normierung der Anwendungssysteme auf eine einheitliche Gesamtproduktionsdauer werden diese hinsichtlich ihrer Kostenstruktur auch untereinander vergleichbar. Bei der Extrapolation wird von einer Gleichverteilung der Weiterentwicklungs- und Produktionskosten über die Produktionsdauer ausgegangen. Obwohl dies die Realität, vor allem bei den Weiterentwicklungskosten, nicht exakt abbildet, zeigt die Analyse der Untersuchungsdaten, daß sich durch diese Annahme keine wesentlichen Veränderungen der Untersuchungsergebnisse ergeben. Grundsätzlich ist aber anzumerken, daß die Weiterentwicklungs- und Produktionskosten mit zunehmender Produktionsdauer in der Regel ansteigen.

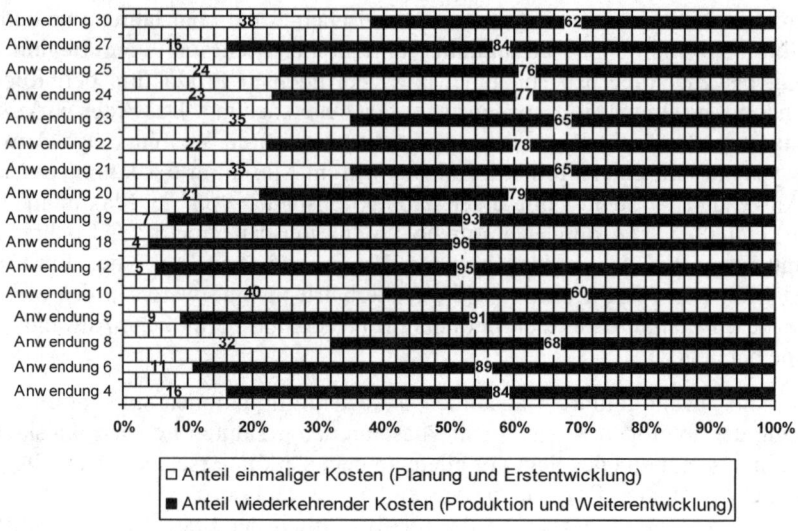

Abb. 73. Kostenverteilung bei einer Gesamtproduktionsdauer von 5 Jahren

Abb. 73 zeigt die anteilige Kostenverteilung über den Lebenszyklus für eine Gesamtproduktionsdauer von 5 Jahren. Es sind nur diejenigen 16 Anwendungssysteme berücksichtigt, für die vollständige Istkosteninformationen erhoben werden konnten. Bei einer Gesamtproduktionsdauer von 5 Jahren beträgt der Anteil wiederkehrenden Kosten im Durchschnitt 79%. Die tatsächliche durchschnittliche Gesamtproduktionsdauer von Anwendungssystemen dürfte eher höher liegen und somit diesen Anteil in der Praxis noch vergrößern. Bei der Analyse der Kostenverteilung fallen die deutlichen Unterschiede und hohen Schwankungen zwischen den einzelnen Anwendungssystemen auf. So liegt der prozentuale Anteil der einmaligen Planungs- und Erstentwicklungskosten zwischen minimal 4% und maximal 40%. Obwohl verschiedene Faktoren für diese Spannbreite verantwortlich sind, fiel ein Aspekt ins Auge. Bei Anwendungssystemen mit einem geringen Anteil einmaliger Kosten sind die Weiterentwicklungskosten im Vergleich zu den Erstentwicklungskosten sehr hoch (dies gilt z.B. für die Anwendungssysteme 6, 9, 12, 18 und 27). Eine genauere Datenanalyse und Gespräche mit den Anwendungsverantwortlichen lassen den Schluß zu, daß diese Anwendungssysteme, bedingt durch einen hohen Zeitdruck oder Verzögerungen in der Projektlaufzeit, vor Abschluß der Erstentwicklungsarbeiten oder ohne ausreichende Tests in Produktion genommen wurden. Entwicklungsleistungen und Fehlerbehebungen, die eigentlich Teil der Erstentwicklung sind, fielen somit erst nach Inbetriebnahme des Anwendungssystems an und erhöhten die Kosten der Weiterentwicklung und Produktion.

Weitere Erkenntnisse ergaben sich aus der Qualität der gewonnenen Daten. Grundsätzliche Informationen über Funktionalität, Einsatzzweck und unterstützte Prozesse der Anwendungssysteme waren, ebenso wie Anwenderzahlen und zeitliche Informationen hinsichtlich Planungs-, Entwicklungs- und Produktionsdauer, präzise bekannt. Auch Informationen über Art und Anzahl der Geschäftsvorfälle waren in der Regel verfügbar. Ein anderes Bild bot sich im Bereich der Kosteninformationen. Die Analyse der Untersuchungsdaten zeigte, daß Kosteninformationen meist nur mit vielen Lücken und Annahmen rekonstruierbar waren. Eine Lebenszyklusbetrachtung von Anwendungssystemen existierte in den betrachteten Unternehmen nicht. Auch ein phasenübergreifendes Kosten-Controlling fand nur in Ausnahmen statt. Die Kosten der Erstentwicklung ließen sich noch am exaktesten ermitteln, da diese sowohl im Rahmen des Entwicklungsprojektes als auch im Projekt-Controlling dokumentiert waren. Produktionskosten entstanden dahingegen überwiegend ungeplant und waren zum Teil sogar unbekannt. Sie wurden aus diesem Grund kaum dokumentiert und ließen sich rückwirkend nur mit hohem Aufwand ermitteln. Da keine durchgängige und dokumentierte Kostenbetrachtung existierte, hing die Datenqualität stark vom individuellen Wissen der für ein Anwendungssystem verantwortlichen Personen ab. Probleme ergaben sich insbesondere bei älteren Anwendungen, für die im Laufe der Jahre unterschiedliche Personen verantwortlich waren, oder bei sehr komplexen Anwendungssystemen, für die mehrere Personen zuständig waren. Bei knapp der Hälfte der betrachteten Anwendungssysteme waren die Kosteninformationen so lückenhaft, daß sie eine Analyse der Lebenszykluskosten nicht zuließen. Die Präsentation der Untersuchungsergebnisse bei den beteiligten Anwendungsverantwortlichen zeigte, daß die Kostenverteilung über den Lebenszyklus von diesen vorab anders eingeschätzt wurde und die tatsächlichen Ergebnisse Erstaunen auslösten.

4.3.3 Konsequenzen für das Informationsmanagement

Aus den gewonnenen Erkenntnissen lassen sich mehrere Schlußfolgerungen ziehen. Die entscheidende Bedeutung der Produktions- und Weiterentwicklungskosten für die Gesamtkosten von Anwendungssystemen, und somit für die IT-Kosten generell, spiegelt sich innerhalb der in der Praxis eingesetzten Informationsmanagementinstrumente nicht ausreichend wider. Vielmehr ist eine starke Konzentration auf die Entwicklung festzustellen. Um unternehmerische Fehlentscheidungen zu verhindern, müssen lebenszyklusorientierte Kostenrechnungsmodelle für Anwendungssysteme entwickelt und umgesetzt werden. Heute scheitert dieser Versuch in der Praxis bereits an grundlegenden Problemen, etwa der Verwendung unterschiedlicher Kostenträger in Entwicklung und Produktion (siehe Kapitel 4.2).

Eine Lebenszyklusbetrachtung eignet sich sowohl für die Analyse neuer Anwendungssysteme als auch für das Management bestehender Anwendungssysteme. Bei neuen Anwendungssystemen ermöglicht sie eine qualifiziertere Entscheidung über die insgesamt zu erwartenden Kosten. Die Weiterentwicklung des in der

Praxis verbreiteten IT-Projekt-Portfolios, das in seiner jetzigen Form vor allem der Priorisierung von Entwicklungprojekten dient, zu einem lebenszyklusbasierten IT-Produkt-Portfolio stellt einen ersten Schritt in diese Richtung dar (siehe Abb. 74). Bei bestehenden Anwendungssystemen ermöglicht die Lebenszyklusbetrachtung bessere Managemententscheidungen, beispielsweise bei der Bestimmung des betriebswirtschaftlich sinnvollsten Zeitpunkts der Außerbetriebnahme eines Anwendungssystems. Heute wird diese Entscheidung, wenn überhaupt, auf der Basis von technischen Überlegungen oder von Ad-hoc-Entscheidungen und nicht im Rahmen eines institutionalisierten Managementprozesses getroffen.

Die Erfassung anwendungssystembezogener Istkosten bildet die Voraussetzung für eine Lebenszykluskostenrechnung. Es gilt Verfahren und Werkzeuge zu entwickeln, die eine gesamtheitliche Anwendungssystembuchhaltung im Sinne einer Anlagenbuchhaltung ermöglichen. Spätestens beim Einsatz von Bilanzierungsvorschriften, wie z.B. IAS (International Accounting Standards), die eine bilanzielle Aktivierung von Software erlauben, kommt der Anwendungssystembuchhaltung eine zentrale Bedeutung zu. Darüber hinaus führt sie zu einer deutlichen Steigerung der Kostentransparenz für alle Beteiligten und erlaubt sowohl Geschäftsbereichen als auch IT-Dienstleistern einen vollständigen, zeitnahen Überblick über alle mit einem Anwendungssystem in Zusammenhang stehenden Kosten.

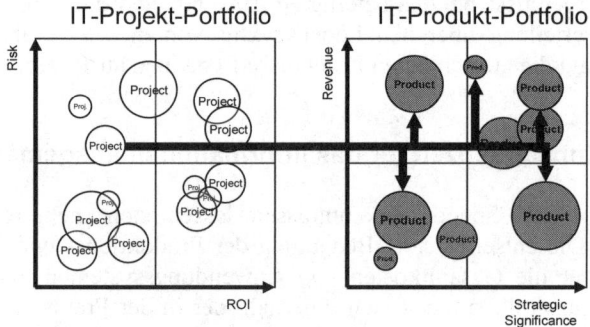

Planungsobjekt	Projekt, Anwendung	Produkt
Planungs-grundlage	Projektkosten (vor allem Entwicklungskosten)	Produkt-Lebenszyklus (Entwicklung und Produktion), Stückkosten

Abb. 74. Vom IT-Projekt- zum IT-Produkt-Portfolio

Lebenszyklusbetrachtungen fördern die Entwicklung gesamthafter, integrierter Informationsmanagementansätze. Bei der Ermittlung der Lebenszykluskosten hat sich gezeigt, daß die heute in der Praxis eingesetzten Managementansätze, vor allem im Bereich des Kostenmanagements, eine starke Phasenorientierung aufweisen. Sie sind auf die Optimierung einzelner Phasen, z.B. der Planung, Entwicklung oder Produktion, ausgelegt. Phasenübergreifende Ansätze, wie sie im Rahmen der Lebenszyklusbetrachtung gefordert sind und wie man sie beispielsweise in der industriellen Produktfertigung findet, existieren im Bereich der IT nur selten.

Nicht zuletzt fehlen statistisch abgesicherte Erkenntnisse über die tatsächliche Verteilung der Lebenszykluskosten von Anwendungssystemen. Die in diesem Kapitel vorgestellten Untersuchungsergebnisse können auf Grund der kleinen Datenbasis nur einen ersten Schritt in diese Richtung darstellen. Für weiterreichende Aussagen sind umfangreichere Erhebungen und ein Fokus auf spezielle Anwendungssegmente erforderlich.

4.4 Wertanalyse von IT-Produkten

Die Wertanalyse findet in der produzierenden Industrie, aber auch in Dienstleistungsunternehmen, als universelle Vorgehensweise zur Lösung komplexer Probleme heute allgemeine Anerkennung [Zentrum Wertanalyse 1995]. Sie wird gar als Grundlage der Rationalisierung und als eine der bedeutendsten Methoden der Kostensenkung in den letzten 25 Jahren angesehen. Um so erstaunlicher ist es, daß die Wertanalyse bei der Definition und Verbesserung von IT-Produkten in der Praxis heute so gut wie keine Rolle spielt. Im folgenden wollen wir an einem Beispiel zeigen, wie im Rahmen eines integrierten Informationsmanagements die Wertanalyse für die Anforderungsanalyse und Spezifikation von IT-Produkten eingesetzt werden kann und welche Potentiale sich durch ihren Einsatz für einen IT-Leistungserbringer ergeben. Zunächst werden dazu einige Grundsätze und Grundbegriffe der Wertanalyse erläutert.

4.4.1 Grundsätze und Grundbegriffe der Wertanalyse

Gemäß ihrem Begründer Larry Miles ist die Wertanalyse eine methodische Vorgehensweise, die Funktionen eines Produktes für die niedrigsten Kosten zu erstellen, ohne daß die geforderte Qualität, Zuverlässigkeit und Marktfähigkeit des Produktes negativ beeinflußt werden [Miles 1972]. Als Chefeinkäufer von General Electrics machte Miles bereits 1947 die überraschende Feststellung, daß bei der Suche nach alternativen Materialien oder Verfahren zur Erstellung eines Produktes häufig Lösungen gefunden wurden, die mit niedrigeren Kosten eine identische oder sogar höhere Funktionalität des Produktes ermöglichten. Darüber hinaus stellt er fest, daß ein nicht geringer Anteil der Produktionskosten für die Erstellung von Produktfunktionen aufgewendet wird, die keinen oder nur einen geringen Kundennutzen haben.

Vor diesem Hintergrund entwickelte Miles unter dem Begriff der Wertanalyse ein systematisches Vorgehen mit dem Ziel

- die *Funktionen* eines Produktes oder einer Dienstleistung zu identifizieren,

- den Funktionen einen monetären *Wert* zuzuordnen und

- die Funktionen mit der erforderlichen Qualität zu den niedrigsten *Gesamtkosten* herzustellen.

Zwei zentrale Grundsätze prägen die Wertanalyse: das Denken in Funktionen anstelle von Produkten und das Denken in Werten anstelle von Kosten. Die Funktionen eines Produktes sind dessen Charakteristika, damit es funktioniert und man es verkaufen kann. Typische Charakteristika eines Produktes können z.B. Eigenschaften, Elemente, Konditionen, Bestandteile oder Besonderheiten sein. Sie ergeben sich aus der Frage: "Was tut das Produkt?" Eine Funktion einer Uhr ist beispielsweise "Zeit anzeigen", die Funktion der Bahn "Personen von einem Ort zum anderen zu transportieren". Auch das Aussehen eines Produktes, z.B. das sportliche Aussehen eines Fahrzeugs, ist eine Funktion. Es existieren unterschiedliche Typen von Funktionen. Von praktischer Bedeutung ist insbesondere die Unterscheidung von Hauptfunktionen, Nebenfunktionen und unnötigen Funktionen. Der jeweilige Funktionstyp läßt sich mit Hilfe einfacher Fragen ermitteln (siehe Abb. 75). Das Denken in Funktionen erzwingt es, die Charakteristika eines Produktes outputorientiert, und damit kundenorientiert, zu analysieren und zu beschreiben. Nicht technische Merkmale wie z.B. die Anwendungssysteme, Serverplattformen, Netzwerke oder Architekturen, die zur Erstellung eines IT-Produktes erforderlich sind, bilden den Mittelpunkt der Produktdefinition, sondern die vom Kunden wahrgenommenen Funktionen des Produktes. Auch die Kosten eines Produktes werden im Rahmen der Wertanalyse ausschließlich seinen Funktionen zugeordnet und nicht etwa technischen Produktkomponenten.

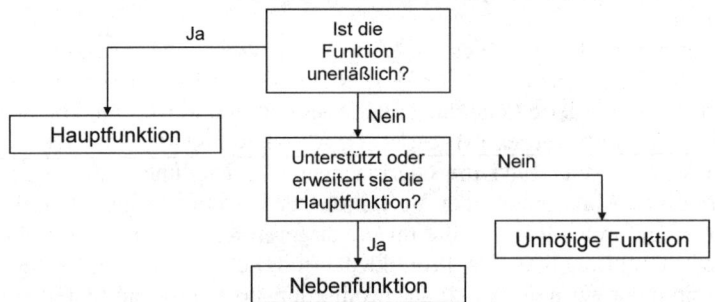

Abb. 75. Ermittlung des Funktionstyps

Neben dem Denken in Funktionen spielt das Denken in Werten in der Wertanalyse eine zentrale Rolle. Der Wertanalyse liegt dabei ein kostenorientierter Wertbegriff zugrunde. Der Wert eines Produktes entspricht den niedrigsten Kosten, die aufgewendet werden müssen, damit das Produkt die festgelegten Funktionen zuverlässig erbringt. Eine Konsequenz dieser Denkweise ist, daß nicht zwangsläufig das billigste oder teuerste Produkt den höchsten Wert besitzt. So hat beispielsweise nicht der billigste oder teuerste Drucker den höchsten Wert, sondern vielmehr derjenige Drucker, der die geforderte Funktion, z.B. "Präsentationen drucken", in der geforderten Qualität, z.B. "Farbdruck in einer Geschwindigkeit von 4 Seiten/Minute", zu den niedrigsten Kosten/Seite erbringt. Darüber hinaus konzentriert sich die Wertanalyse auf die Schlüsselfrage, welcher Teil der Gesamtkosten eines Produktes eigentlich dessen Wert erzeugen. Alle Ausgaben, die nicht zum Wert beitragen, stellen unnötige Kosten dar und sind zu eliminieren. Dies gilt insbesondere für Kosten, die zur Erstellung unnötiger Funktionen aufgewendet werden.

Das Wert- und Funktions-Denken unterscheidet die Wertanalyse von reinen Rationalisierungsmaßnahmen, die sich vor allem auf Produkt- und Kostenaspekte konzentrieren. Stellt ein IT-Leistungserbringer beispielsweise fest, daß sein Produkt "Desktop Service" zu teuer ist, so werden im Rahmen von Rationalisierungsmaßnahmen typischerweise Fragen wie "Können die Kosten des Produktes gesenkt werden?", "Kann das Produkt billiger gestaltet werden", "Können Einzelteile des Produktes günstiger produziert oder eingekauft werden?" usw. gestellt [Hoffmann 1994]. Im Rahmen einer Wertanalyse würde dahingegen gefragt "Was sind eigentlich die geforderten Funktionen des Produktes?", "Auf welche Funktionen können wir gegebenenfalls verzichten und welche neuen Funktionen benötigen wir?", "Welchen monetären Wert besitzen die Funktionen?" und "Welche Produktionskosten tragen zum Wert des Produktes bei?" Ist eine Funktion eines IT-Produktes "Desktop Service" beispielsweise "E-Mail versenden", so stellt sich im Rahmen der Wertanalyse die Frage, welchen Wert diese Funktion besitzt. Der Wert entspricht den minimalen Kosten, die zur Erbringung der Funktion "E-Mail versenden" erforderlich sind, wobei durchaus zwischen unterschiedlichen Qualitätsgraden unterschieden werden kann. So können z.B., je nach Kundenanforderung, die Kosten für die Versendung verschlüsselter E-Mails, die langfristige Speicherung von E-Mails oder die Virenprüfung von E-Mails unterschiedlich hoch sein und somit einen unterschiedlichen Wert ergeben.

Eine Wertanalyse wird in Form eines Projektes durchgeführt. Die Vorgehensmethodik ist streng systematisch und in mehrere Phasen unterteilt (siehe Abb. 76). In der Informations-Phase werden alle verfügbaren Informationen zum betrachteten Produkt gesammelt. Diese können aus unterschiedlichen Unternehmensbereichen, z.B. Marketing, Produktion, Entwicklung, Einkauf oder Finanzen, stammen. Insbesondere für bereits existierende Produkte, die im Rahmen einer Wertanalyse verbessert werden sollen, existiert in der Regel eine Vielzahl unterschiedlicher Informationen. Auf der Grundlage der gesammelten Informationen wird eine Ist-Analyse durchgeführt, in deren Mittelpunkt zwei Fragen stehen:

- *Was tut das Produkt*, d.h. welche Funktionen erbringt es?

- *Was kosten die Funktionen*?

Zur Beantwortung beider Fragen stellt die Wertanalyse konkrete Instrumente bereit, z.B. Funktionsstammbäume und Funktionskosten-Matrizen.

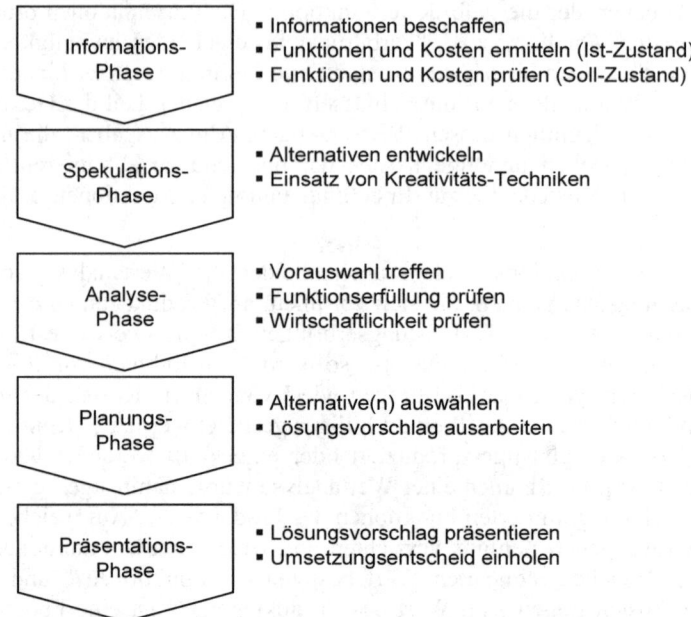

Abb. 76. Vorgehenssystematik und Phasen der Wertanalyse

Im Anschluß an die Ist-Analyse erfolgt eine Prüfung und Bewertung der Ist-Situation. So wird beispielsweise hinterfragt, ob alle derzeit erbrachten Funktionen des Produktes sinnvoll sind oder ob man Funktionen eliminieren kann. Auf diese Weise entsteht eine Soll-Funktionalität. Gleiches gilt für die Funktionskosten, die ebenfalls zu analysieren sind. Hierbei gilt es vor allem, die zentralen Kostentreiber, d.h. diejenigen Funktionen, die die meisten Kosten verursachen, zu ermitteln, da diese meist einen guten Ansatzpunkt für die weiteren Arbeiten bieten.

Die zweite Phase der Wertanalyse ist die Spekulations-Phase. Ihr primäres Ziel ist es, eine möglichst große Zahl von Alternativen zu entwickeln, mit Hilfe derer bestimmte Produktfunktionen mit der geforderten Zuverlässigkeit erbracht werden können. Alternativen können sich z.B. durch den Einsatz anderer Technologien, Strukturen, Komponenten oder Produktionsverfahren ergeben. Zur Alternativenentwicklung schlägt die Wertanalyse verschiedene Kreativitätstechniken vor, z.B. Brainstorming, Synektik oder die morphologische Analyse.

Die Alternativen werden in der Analyse-Phase beurteilt und bewertet. Meist wird zu Beginn der Analyse-Phase eine Vorauswahl getroffen, um eine handhabbare Zahl von Alternativen zu erhalten. Diese werden dann entsprechend verfeinert. Insbesondere werden der Grad der Funktionserfüllung und die Wirtschaftlichkeit untersucht.

In der Planungs-Phase wird die ausgewählte Alternative zu einem konkreten Lösungsvorschlag ausgearbeitet. Dieser wird im Anschluß in der Präsentations-Phase einem Entscheidungsgremium präsentiert, mit dem Ziel, eine Genehmigung zur Umsetzung zu erhalten.

Die Wertanalyse läßt sich, auf Grund ihrer besonderen Eignung zur Lösung interdisziplinärer und komplexer Problemstellungen, im Rahmen der IT-Produktgestaltung vor allem für die Anforderungsanalyse und Produktspezifikation einsetzen. Sie kann dabei sowohl bei der Gestaltung vollständig neuer IT-Produkte als auch bei der Verbesserung bereits bestehender Produkte Anwendung finden. Für viele IT-Leistungserbringer stellt die kunden- und marktgerechte Spezifikation ihrer Produkte eine große Herausforderung dar. In der Praxis besteht an mehreren Stellen im Rahmen des Spezifikationsprozesses die Gefahr von Mißverständnissen und Konflikten (siehe Abb. 77).

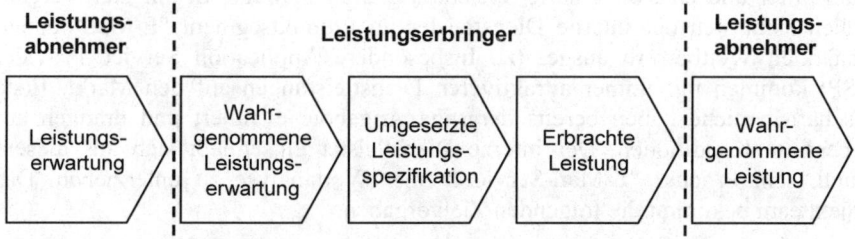

Abb. 77. Schnittstellen im Rahmen der Leistungserbringung (in Anlehnung an [Zeithaml/Berry/Parasuraman 1988])

Die tatsächlichen Erwartungen eines Leistungsabnehmers an eine Leistung können von den durch den Leistungserbringer wahrgenommenen Erwartungen abweichen, z.B. weil der Leistungsabnehmer ein geschäftlich-orientiertes Verständnis und der Leistungserbringer ein technisch-orientiertes Verständnis des Produktes haben. Die tatsächlich umgesetzten Leistungen können dann wiederum von den wahrgenommenen Leistungserwartungen abweichen, z.B. auf Grund interner Kommunikationsprobleme zwischen Vertriebs- und Entwicklungsbereichen des Leistungserbringers. Auch die Leistungsspezifikation und die tatsächlich erbrachte Leistung sind nicht immer deckungsgleich, etwa weil im Rahmen der Entwicklung oder Produktion Änderungen vorgenommen wurden oder Probleme auftraten. Und schlußendlich kann es auch zwischen der vom Leistungsabnehmer wahrgenommenen Leistung und der tatsächlich erbrachten Leistungen zu Unterschieden kommen, etwa weil ein Teil der erbrachten Leistungen für den Leistungsabnehmer nicht transparent ist.

Die Wertanalyse kann dieses Spannungsfeld in zweierlei Hinsicht entkräften: Sie kann zum einen dazu beitragen, daß die Leistungsspezifikation besser den tatsächlichen Anforderungen des Leistungsabnehmers entspricht. Und sie ermöglicht zum anderen dem Leistungserbringer, die vom Leistungsabnehmer erwarteten Leistungen zu möglichst niedrigen Kosten zu erbringen.

4.4.2 Wertanalyse für ein IT-Produkt "E-Mail-Service"

Das folgende Beispiel zeigt den Prozeß und die Ergebnisse einer Wertanalyse für ein IT-Produkt "E-Mail-Service". Die im Beispiel genannten Zahlen sind fiktiv gewählt. Den Ausgangspunkt bildet die folgende Situation. Ein interner IT-Dienstleister stellt den Geschäftsbereichen eines Unternehmens seit mehreren Jahren einen E-Mail-Service zur Verfügung. Für einen monatlichen Pauschalbetrag erhält jeder Anwender einen E-Mail-Account, über den er E-Mails senden, empfangen und verwalten kann. Der Service beinhaltet eine Reihe von Zusatzdienstleistungen, z.B. den mobilen Zugriff über eine Web-Oberfläche, einen Spam-Filter und eine dauerhafte Speicherung aller E-Mails. In jüngster Vergangenheit sieht sich der interne Dienstleister im Produktsegment "E-Mail" einem verstärkten Wettbewerb ausgesetzt. Insbesondere Application Service Provider (ASP) kommen mit immer attraktiveren Dienstleistungen auf den Markt. Erste Geschäftsbereiche haben bereits derartige Angebote evaluiert und drängen auf verbesserte Konditionen. Der interne Dienstleister entschließt sich aus diesem Grund, sein Produkt "E-Mail-Service" einer Wertanalyse zu unterziehen. Das Projektteam bekommt die folgenden Zielvorgaben:

- Senkung der Produktkosten um 30%,

- Standardisierung der technischen E-Mail-Infrastruktur,

- Verbesserung der Sicherheit.

Die Wertanalyse erfolgte entlang der im vorigen Abschnitt beschriebenen Vorgehenssystematik und Projektphasen.

Phase 1: Informations-Phase

In einem ersten Schritt galt es, alle verfügbaren Informationen über den derzeitigen "E-Mail-Service" zu sammeln. Hierzu zählen sowohl technische Dokumente, z.B. Fachkonzepte, Pflichtenhefte, Systembeschreibungen, Architekturen, Serverplattformen usw., als auch Mengengerüste, z.B. die derzeitige Anzahl an E-Mail-Accounts, Speichervolumina, Übertragungsvolumina, Anzahl gesendeter und empfangener E-Mails usw.

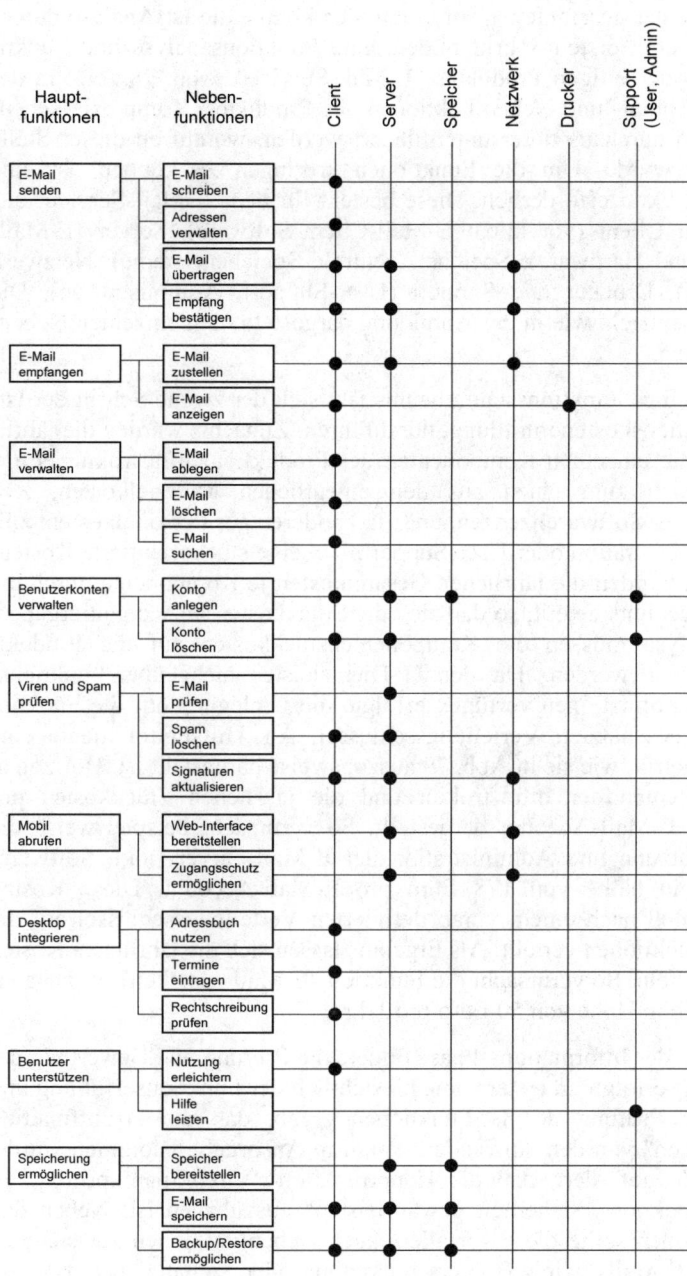

Abb. 78. Funktionsstammbaum und Produktionskomponenten im Ist-Zustand

Auf der Grundlage der gesammelten Informationen konnte die Ist-Analyse durch-geführt werden. Deren ersten Schritt bildete eine Funktionsanalyse und Funkti-onsgliederung des derzeitigen Produktes "E-Mail-Service". Abb. 78 zeigt in der linken Hälfte die Haupt- und Nebenfunktionen des Produktes. Komplexe Neben-funktionen können durchaus tiefer untergliedert werden, worauf an dieser Stelle jedoch verzichtet wurde. Um die Funktionen erbringen zu können, ist eine Produktionsinfrastruktur erforderlich. Diese besteht für den "E-Mail-Service" aus den Komponenten Client (vor allem E-Mail-Client-Software), Server (E-Mail-Server-Software und Hardware), Speicher (zentrale Speichersysteme), Netzwerk (LAN und WAN), Drucker und Support (User-Support, Administration). Die Komponenten lassen sich, wie in der Abbildung dargestellt, den einzelnen Neben-funktionen zuordnen.

Auf der Grundlage des Funktionsstammbaums läßt sich der zweite Schritt der Ist-Analyse, die Funktionskostenermittlung, durchführen. Zunächst wurden die jährli-chen Kosten für die einzelnen Komponenten der Produktionsinfrastruktur ermit-telt. Diese bestehen zum einen aus den eigentlichen Materialkosten, z.B. Hardwarekosten oder Softwarelizenzen, und zum anderen aus Personalkosten, z.B. für Wartung, Administration oder User-Support. Um eine stückorientierte Kosten-größe zu erhalten, wurden die jährlichen Gesamtkosten je Komponente durch die Anzahl E-Mail-Accounts geteilt, so daß sich die Stückkosten je Account ergaben. Für die Wertanalyse müssen die Komponentenstückkosten auf die Produkt-funktionen umgelegt werden. Da der IT-Dienstleister nicht über funktions-bezogene Kosteninformationen verfügte, erfolgte die Umlegung auf die Funktio-nen nach einem geschätzten Verteilungsschlüssel. Als Hilfsmittel diente eine Funktionskostenmatrix, wie sie in Abb. 79 auszugsweise dargestellt ist. Horizontal sind die Komponenten der Infrastruktur und die jährlichen Stückkosten pro Komponente und E-Mail-Account dargestellt. So verursacht beispielsweise die Bereitstellung, Nutzung und Administration der E-Mail-Server (inkl. Software) jährliche Kosten in Höhe von 178 Euro pro E-Mail-Account. Diese Kosten wurden im Anschluß nach einem vorab definierten Verteilungsschlüssel auf die einzelnen Nebenfunktionen verteilt. Als Ergebnis lassen sich die jährlichen Kosten pro Funktion ermitteln. So verursacht die Funktion "E-Mail zustellen" im genann-ten Beispiel Kosten in Höhe von 50 Euro pro Jahr.

Den letzten Schritt der Informations-Phase bildete die Prüfung und Bewertung der Ist-Situation. Diese erfolgte in erster Linie hinsichtlich der Funktionserfüllung und der Kosten. Eine Prüfung der Ist-Funktionen ergab, daß die Hauptfunktion "Desktop integrieren" von den Anwendern kaum in Anspruch genommen wurde. Dahingegen wurde gefordert, daß die Hauptfunktion "Viren/Spam prüfen" zu einer breiteren Funktion "Sicherheit gewährleisten" auszubauen ist. Neben den bisherigen Funktionen sollte diese vor allem auch Nebenfunktionen zur sicheren Übertragung von E-Mails, wie z.B. Verschlüsselung oder Signatur, bereitstellen. Die Hauptfunktion "Mobil abrufen" muß mittelfristig erweitert werden, um neben dem Abruf über die Web-Schnittstelle auch mobile Endgeräte, wie z.B. PDAs oder Mobiltelefone, zu unterstützen. Diese Erweiterung besaß aber nicht die höch-ste Priorität.

		Komponenten (jährliche Kosten pro E-Mail-Account)						
		Client	Server	Speicher	Netzwerk	Drucker	Support	Summe Funktionskosten/Jahr
			178 €					
E-Mail senden	E-Mail schreiben							
	Adressen verwalten							
	E-Mail übertragen		27 €					
	Empfang bestätigen		4 €					
E-Mail empfangen	E-Mail zustellen	6 €	32 €		12 €			50 €
	E-Mail anzeigen							
E-Mail verwalten	E-Mail ablegen							
	E-Mail löschen							
	E-Mail suchen							
Benutzerkonten verwalten	Konto anlegen		17 €					
	Konto löschen		4 €					
Viren/Spam prüfen	E-Mail prüfen		15 €					
	Spam löschen		8 €					
	Signatur aktualisieren		10 €					
Mobil abrufen	Web-Interface bereitstellen		26 €					
	Zugangsschutz ermöglichen		19 €					
Desktop integrieren	Adressbuch nutzen							
	Termine eintragen							
	Rechtschreibung prüfen							
Benutzer unterstützen	Nutzung erleichtern							
	Hilfe leisten							
Speicherung ermöglichen	Speicher bereitstellen		4 €					
	E-Mail speichern		7 €					
	Backup/Restore durchführen		5 €					

Abb. 79. Ausschnitt einer Funktionskosten-Matrix

Die Kostenanalyse führte vor allem zu zwei Erkenntnissen. Auf der Ebene der Komponenten machten die Kosten für Server und Support den Großteil der Kosten aus (>70%). Auf Funktionsebene verursachten vor allem die Hauptfunktionen "Benutzerkonten verwalten" und "Mobil abrufen" hohe Kosten.

Auf der Grundlage der Ist-Analyse und der anschließenden Bewertung wurden für das weitere Vorgehen zwei Analyseschwerpunkte vereinbart:

- Server-Infrastruktur

- Sicherheitsfunktionen

Diese standen auch in Übereinstimmung mit den vorgegebenen Projektzielen.

Phase 2: Spekulations-Phase

Im Rahmen von mehreren moderierten Workshops und unter Einsatz der Brain-storming-Methode wurden Lösungsmöglichkeiten für die Server-Infrastruktur und die Sicherheitsfunktionen entwickelt (siehe Abb. 80).

Lfd.-Nr.	Lösungsmöglichkeit
Server-Infrastruktur	
1	Vollständiges Outsourcing
2	Einsatz von Blade-Servern
3	Neues System-Management-Werkzeug
4	Umstieg auf Unix-Plattform
5	Zentrale ASP-Struktur
6	Verbrauchsabhängige Leistungsverrechnung
7	Virtualisierung von Ressourcen
8	Konsolidierung der Serveranzahl
9	Skalierbare Plattform (Multiprozessor)
10	...
Sicherheits-Funktionen	
20	SSL-Verschlüsselung für Web-Zugang
21	Smartcard-Infrastruktur
22	Trust-Center
23	zentraler Virenscanner
24	Nutzung SPAM-Service
25	...

Abb. 80. Liste der Lösungsmöglichkeiten (Auszug)

Einige Lösungsmöglichkeiten wurden schnell als nicht realisierbar oder zu teuer verworfen. Die erfolgversprechendsten Lösungsmöglichkeiten wurden dahingegen in einem separaten Workshop vertieft diskutiert und z.B. auf der Ebene der Nebenfunktionen analysiert.

Phase 3: Analyse-Phase

Fünf Lösungsvorschläge wurden für eine weiterführende Analyse ausgewählt. Zunächst galt es zu analysieren, wie sich die Lösungsvorschläge auf den Grad der Funktionserfüllung auswirken würden und ob sie die von den Kunden geforderte Zuverlässigkeit garantieren könnten. Für jeden Lösungsvorschlag wurde des weiteren eine Wirtschaftlichkeitsprüfung vorgenommen. Mit Hilfe von Kosten-schätzungen wurden der zu erwartende Umsetzungsaufwand und die voraussicht-lichen Kosteneinsparungen prognostiziert und die Auswirkungen auf die Stückkosten pro E-Mail-Account errechnet. Im Optimalfall ergab sich im Bereich der Server-Infrastruktur ein Einsparpotential von 36%. Die erweiterten Sicherheitsfunktionen würden zu einer Kostenerhöhung von 17% führen.

Phasen 4+5: Planungs- und Präsentations-Phasen

Aus den analysierten Lösungsvorschlägen wurden vier Vorschläge für die weitere Planung ausgewählt. Im Rahmen der Planungs-Phase wurden diese detailliert in Form von Fach- und Systemkonzepten ausgearbeitet. An dieser Stelle unterscheidet sich die Wertanalyse nicht von bekannten Vorgehensmodellen zur Projektabwicklung. Die ausgearbeiteten Lösungsvorschläge wurden einem Entscheidungsgremium präsentiert und umgesetzt.

4.5   Möglichkeiten und Grenzen der ITIL im Rahmen eines integrierten IM[4]

Bei der Umsetzung serviceorientierter Informationsmanagementprozesse orientieren sich viele IT-Leistungserbringer an den in der IT Infrastructure Library (ITIL) enthaltenen Best Practices (siehe Kapitel 2.6). Die Meinungen hinsichtlich der Möglichkeiten und Grenzen der ITIL gehen dabei weit auseinander. Während ITIL einerseits in vielen Publikationen quasi als Wunderwaffe und Allheilmittel für IT-Leistungserbringer gepriesen wird, trifft man andererseits auf die weit verbreitete Meinung, ITIL eigne sich lediglich zur Gestaltung operativer Support- und Rechenzentrums-Prozesse und biete insgesamt wenig neue Erkenntnisse. Diese - oft mit viel Halbwissen geführte - Diskussion führt zu Unsicherheiten, aber auch falschen Erwartungshaltungen hinsichtlich der Chancen und Risiken einer Umsetzung ITIL-basierter Managementprozesse. Stellt ITIL wirklich ein umfassendes Managementmodell für IT-Leistungserbringer dar oder läßt sich ITIL nur in wenigen Teilbereichen des Informationsmanagements sinnvoll verwenden und wenn ja, in welchen?

Um dieser Frage nachzugehen, haben wir untersucht, wie sich die Inhalte der ITIL in das Modell des integrierten Informationsmanagements einordnen lassen. Durch diese Einordnung können im Sinne einer GAP-Analyse die Möglichkeiten und Grenzen der ITIL aufgezeigt werden. Konkret bedeutet dies: Für welche Bereiche innerhalb des Informationsmanagements bietet ITIL Lösungsansätze und welche Bereiche werden durch ITIL nicht oder nur unzureichend abgedeckt? Auch im umgekehrten Sinne lassen sich diese Erkenntnisse bei der Detaillierung des IIM-

---

[4] Die Inhalte dieses Kapitels basieren auf gemeinsamen Forschungsarbeiten der Autoren und Axel Hochstein (siehe Hochstein/Zarnekow/Brenner: Service-orientiertes IT-Management nach ITIL - Möglichkeiten und Grenzen, in: HMD - Praxis der Wirtschaftsinformatik, 41(2004)239, S. 68-76)

Modells nutzen. In denjenigen Bereichen, in denen ITIL sich als Best Practice etabliert hat, können ITIL-Inhalte übernommen werden und müssen nicht neu erarbeitet werden.

In diesem Kapitel wird zunächst eine Untergliederung der ITIL-Module nach drei Granularitätsstufen vorgenommen. Im Anschluß werden die einzelnen ITIL-Module in das IIM-Modell eingeordnet und Lücken identifiziert. Aus dieser GAP-Analyse lassen sich Implikationen für das Informationsmanagement ableiten.

4.5.1 Granularitätsstufen der ITIL-Module

Eine übersichtsartige Beschreibung der einzelnen ITIL-Module erfolgte bereits in Kapitel 2.6, weshalb an dieser Stelle darauf verzichtet wird. Bei einer genaueren Betrachtung der ITIL-Inhalte läßt sich feststellen, daß die einzelnen Module in unterschiedlichen Detaillierungsgraden beschrieben werden. So werden beispielsweise die Module Service Support und Service Delivery in einer höheren Granularität beschrieben als etwa das Application Management oder die Business Perspective. Entsprechend können hinsichtlich der Inhalte der ITIL drei Granularitätsebenen unterschieden werden. Für die Module der höchsten Granularitätsebene liegen detaillierte Modulbeschreibungen (jeweils ca. 25 – 80 Seiten) inklusive Zielen, Aktivitäten, teilweise Input/Output-Schemata, Kosten/Nutzen-Betrachtungen, Problemen und Herausforderungen, betrieblichen Kenngrößen, Rollenschemata, Dokumenten und Methoden vor. In Abb. 81 sind die Module der höchsten Granularitätsebene weiß gekennzeichnet. Die Module der zweiten Granularitätsebene sind geprägt durch weniger detaillierte Beschreibungen (ca. 15 – 50 Seiten) und eine lückenhafte Angabe von Zielen, Aktivitäten, Input/Output-Schemata, Kosten/Nutzen-Betrachtungen, Problemen und Herausforderungen, Rollenschemata, Dokumenten und Methoden. Diese Module sind in der Abb. 81 schraffiert dargestellt. Schließlich sind die Module der dritten Granularitätsebene durch eine kurze Beschreibung (ca. 3–7 Seiten) gekennzeichnet, wobei Ziele, Aktivitäten, Input/Output-Schemata usw. gänzlich fehlen. Die entsprechenden Module sind in Abb. 81 schwarz gekennzeichnet.

4.5.2 Einordnung der ITIL in das IIM-Modell

Im folgenden werden die Aufgaben der einzelnen ITIL-Module den Bausteinen des IIM-Modells zugeordnet, um daraus die Möglichkeiten und die Grenzen der ITIL abzuleiten. Auf die Übertragung des ITIL-Moduls „Business Perspective" mußte dabei verzichtet werden, da der entsprechende Buchband zum jetzigen Zeitpunkt noch nicht veröffentlicht wurde.

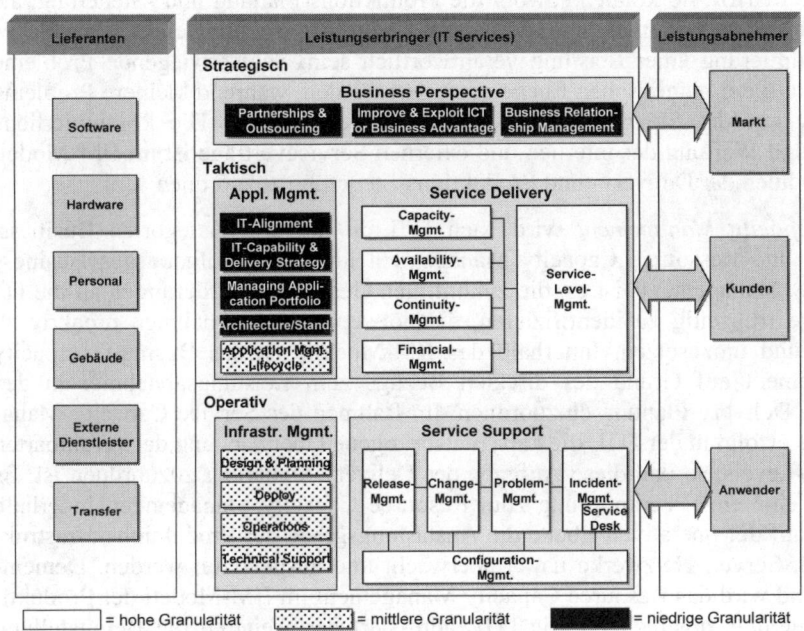

Abb. 81. Granularitätsebenen der IT Infrastructure Library

ITIL-Module mit hoher Granularität

Die Module der höchsten Granularitätsebene umfassen das Modul *Service Delivery,* unterteilt in die Prozesse Service Level Management, Capacity Management, Availability Management, Continuity Management und Financial Management, und das Modul *Service Support,* unterteilt in die Prozesse Incident Management, Problem Management, Change Management, Release Management und Configuration Management.

Ein Teil der Aufgaben der ITIL Service Delivery ist innerhalb des IIM-Modells als Schnittstelle zwischen der Delivery-Planung des Leistungserbringers und der Sourcing-Planung beim Leistungsabnehmer einzuordnen. Dazu gehören beispielsweise im Rahmen des *Service Level Managements* die Erstellung von SLA, die regelmäßige Überprüfung der vereinbarten SLA und ein Erwartungsmanagement, welches eine realistische Erwartungshaltung der Kunden gegenüber den gelieferten IT-Produkten sicherstellen soll. Die Überwachung der vereinbarten Leistungsgrade und die Erstellung von SLA-Berichten sind operative Tätigkeiten des Kundenmanagements und können somit innerhalb des IIM-Modells der Delivery-Steuerung zugeordnet werden. Im Falle einer drohenden Verletzung der vereinbarten SLA sind Verbesserungsmaßnahmen zu initiieren, wobei die konkrete Planung dieser Maßnahmen mehrere Bereiche innerhalb des IIM-

Modells betrifft. So können sowohl die Produktions-Planung und -Steuerung, als auch die Delivery-Planung und -Steuerung für die Ausarbeitung eines Vorschlages zur Optimierung einer Leistung verantwortlich sein. Schwerwiegende Probleme müssen auf der planerischen Ebene adressiert werden, während kleinere Probleme operativ auf der Steuerungsebene gelöst werden können. Die kontinuierliche Pflege und Wartung der internen und externen Serviceverträge ist im IIM-Modell den Modulen der Delivery- und Produktions-Steuerung zuzuordnen.

Das *Capacity Management* wird nach ITIL in die drei Kategorien Business, Service und Ressource Capacity Management unterteilt. Aufgabe des Business Capacity Managements ist es, die zukünftigen Geschäftsanforderungen an die IT-Produkte frühzeitig zu identifizieren, die notwendigen Maßnahmen proaktiv zu planen und umzusetzen. Innerhalb des IIM-Modells ist das Business Capacity Management auf Grund des direkten Bezugs zum Leistungsabnehmer in den Bereich Delivery-Planung einzuordnen. Im Rahmen des Service Capacity Managements erfolgt in der ITIL die kapazitätsbezogene Überwachung der vereinbarten Service-Levels, so daß diese Aufgabe der Delivery-Steuerung zuzuordnen ist. Es besteht eine enge Verknüpfung zum Resource Capacity Management, innerhalb dessen auf der operativen Ebene die Auslastungsgrade der Produktionsinfrastruktur (z.B. Server, Netzwerke usw.) überwacht und ausgewertet werden. Dementsprechend wird das Resource Capacity Management im IIM-Modell der Produktions-Steuerung zugerechnet. Die ITIL adressiert des weiteren die Bereitstellung kapazitätsrelevanter Daten und die Erstellung aussagekräftiger Kapazitätspläne. Ersteres ist eine Aufgabe der Produktions-Steuerung, letzteres fällt in den Bereich der Produktions-Planung. Unter dem Begriff Nachfragemanagement faßt die ITIL Aktivitäten zusammen, die die Nachfrage der Anwender nach IT-Produkten so beeinflussen sollen, daß kurzfristige Kapazitätsengpässe vermieden werden können. Im IIM-Modell ist dies eine gemeinsame Aufgabe der Delivery- und Produktions-Steuerung. Weitere Aufgaben und Methoden des ITIL Capacity Managements sind die Applikationsdimensionierung und Modellierung. Diese fallen in den Bereich der Entwicklungs-Planung.

Das *Availability Management* stellt sicher, daß die gelieferten IT-Leistungen den Geschäftsanforderungen gerecht werden und der IT-Leistungserbringer in der Lage ist, einen kosteneffektiven und nachhaltigen Verfügbarkeitsgrad zu garantieren. In Zusammenarbeit von Entwicklungs-, Produktions- und Delivery-Planung ist zunächst die kundenspezifische Verfügbarkeit der einzelnen IT-Leistungen zu planen. Dabei werden die Verfügbarkeitsanforderungen im Rahmen der Delivery-Planung erhoben. Entwicklungs- und Produktions-Planung stellen anschließend sicher, daß Anwendungen und Infrastrukturen den Anforderungen gerecht werden. Die Initiierung und Umsetzung von Maßnahmen zur nachträglichen Verbesserung der Verfügbarkeit geht von der Delivery-Steuerung aus und betrifft die Bereiche Entwicklungs- und Produktions-Steuerung. Die gesamthafte Messung der Leistungsverfügbarkeit bzw. die Messung der Verfügbarkeit der einzelnen Ressourcen erfolgt im Rahmen der Produktions- und Delivery-Steuerung.

Das *IT Service Continuity Management* muß gewährleisten, daß im Falle eines Systemausfalles die IT-Leistungen in einer vorher mit dem Kunden vereinbarten Zeit wiederhergestellt werden und Überbrückungsmaßnahmen vorhanden sind. Die Definition einer Continuity-Strategie erfolgt in Zusammenarbeit mit den Geschäftsbereichen. Sie ist innerhalb des IIM-Modells dem Modul Produktions-Planung zugeordnet. Die Planung und Implementierung der Recovery-Maßnahmen ist im wesentlichen Aufgabe der Produktions-Planung, wobei gegebenenfalls Schnittstellen zur Entwicklungs-Planung, Entwicklungs-Steuerung und Produktions-Steuerung bestehen. Das operative Management der Recovery-Einrichtungen und die Steuerung im Falle einer Inanspruchnahme finden in der Produktions-Steuerung statt.

Das *Financial Management* deckt gemäß der ITIL die Bereiche Budgetierung, Controlling und Rechnungserstellung ab. Im Rahmen der Budgetierung werden die finanziellen Mittel auf einzelne IT-Projekte bzw. Leistungen aufgeteilt. Innerhalb des IIM-Modells ist dies eine Aufgabe der Portfolio-Planung. Durch das Controlling werden die Kosten zur Bereitstellung der IT-Leistungen möglichst verursachungsgerecht erhoben, um Kosten-Nutzen-Analysen zu ermöglichen. Die Kostenerhebung findet in der Produktions- und Entwicklungs-Steuerung statt, der Controlling-Prozeß für die IT-Leistungen im Rahmen der Portfolio-Steuerung. Kundenorientierte Berichte und Kennzahlen werden durch die Delivery-Steuerung bereitgestellt. Die Leistungsverrechnung und Rechnungsstellung ist eine Aufgabe der Delivery-Steuerung.

Abb. 82 zeigt die Zuordnung der Aufgaben der ITIL Service Delivery zu den Bausteinen des IIM-Modells übersichtsartig.

Die Aufgaben des *Incident Managements* umfassen die Annahme und Bearbeitung von Störungsmeldungen und Kundenanfragen sowie die Koordination, Überwachung und Kommunikation hinsichtlich der Störungsbearbeitung bzw. der Bearbeitung der Kundenanfragen. Dementsprechend bildet das Incident Management die operative Schnittstelle zu den Anwendern und ist der Produktions-Steuerung zuzuordnen. Das Service Desk, welches den Incident Management Prozeß abwickelt, ist in der Produktion angesiedelt.

Während im Incident Management Störungen aufgenommen und bearbeitet werden, hat das *Problem Management* das Ziel, die für das Auftreten der Störungen ursächlichen Probleme reaktiv und proaktiv zu identifizieren und zu beheben. Dabei sind sowohl die reaktiven Aufgaben der Problem- und Fehlerkontrolle als auch das proaktive Problem Management innerhalb des IIM-Modells in den Bereich der Produktions-Steuerung einzuordnen. Auch die Bereitstellung problembezogener Informationen obliegt der Produktions-Steuerung.

ITIL-Modul	ITIL-Aufgaben	Baustein im IIM-Modell
Service-Level-Management	Erstellung SLAs	Delivery-Planung/Sourcing-Planung (LA)
	Erwartungsmanagement	Delivery-Planung/Sourcing-Planung (LA)
	Überprüfung SLAs	Delivery-Planung/Sourcing-Planung (LA)
	Service-Verbesserungsmaßnahmen	Deliver-Planung/Delivery-Steuerung/ Produktions-Planung/Produktions-Steuerung
	Pflege/Wartung der int./ext. Serviceverträge	Delivery-Steuerung/Produktions-Steuerung
	Überwachung und Reporting	Delivery-Steuerung
Capacity-Management	Business-Capacity-Management	Delivery-Planung
	Service-Capacity-Management	Delivery-Steuerung
	Ressource-Capacity-Management	Produktions-Steuerung
	Erstellung Kapazitätsplan	Produktions-Planung
	Bereitstellen von Daten des Kapazitätsmanagements	Produktions-Steuerung
	Nachfragemanagement	Delivery-Steuerung/Produktions-Steuerung
	Applikationsdimensionierung	Entwicklungs-Planung
	Modellierung	Entwicklungs-Planung
Availability-Management	Verfügbarkeitsplanung	Delivery-Planung/Produktions-Planung/Entwicklungs-Planung
	Verbesserung der Verfügbarkeit	Delivery-Steuerung/Produktions-Steuerung/Entwicklungs-Steuerung
	Verfügbarkeitsmessung und Berichterstattung	Delivery-Steuerung/Produktions-Steuerung
IT-Service-Continuity-Management	Anforderungsanalyse/Strategiedefinition	Delivery-Planung/Produktions-Planung
	Planung und Implementierung der Recovery-Massnahmen und -Prozeduren	Produktions-Planung
	Operatives Management und testen der Recovery-Einrichtungen	Produktions-Steuerung
	Inanspruchnahme der Recovery-Maßnahmen	Produktions-Steuerung
Financial-Management	Budgetierung	Portfolio-Strategie/Portfolio-Planung
	Erhebung Controlling-Daten	Produktions-Steuerung/Entwicklungs-Steuerung
	Service-Controlling	Portfolio-Steuerung/Deliver-Steuerung
	Leistungsverrechnung und Rechnungsstellung	Delivery-Steuerung

Abb. 82. Zuordnung der Aufgaben der ITIL Service Delivery zum IIM-Modell

Das *Change Management* stellt sicher, daß IT-bezogene Änderungen, sei es auf taktischer oder auf operativer Ebene, im Rahmen standardisierter Change Management Prozeduren und unter konsequenter Change Management Kontrolle erfolgen. Dabei können je nach Art der Änderung unterschiedliche Bereiche der IT-Leistungserstellung in den Change Management Prozeß eingebunden sein. Bei weitgreifenden, wichtigen Änderungen, die z.B. unmittelbare Auswirkungen auf bestimmte IT-Leistungen haben, kann neben Delivery-, Produktions- und Entwicklungs-Planung auch die Portfolio-Planung, insbesondere an dem Genehmigungsprozeß, beteiligt sein. Dagegen ist die Aufnahme, Bearbeitung und Koordination von anwendungssystem- und infrastrukturspezifischen Änderungen eher in der Entwicklungs- und Produktions-Planung bzw. bei kleineren Änderungen in der Entwicklungs- und Produktions-Steuerung einzuordnen.

Das *Release Management* sorgt für eine anforderungsgerechte Planung, Entwicklung und Implementierung von Software- und Hardware-Releases. Die Planung neuer Releases ist eine Aufgabe der Entwicklungs- und Produktions-Planung. Entwicklung und Implementierung der Releases erfolgen operativ im Rahmen der Entwicklungs- und Produktions-Steuerung.

Das *Configuration Management* dient der Kontrolle der IT-Infrastruktur und der IT-Leistungen (siehe Bsp. 5). Es wird ein logisches Modell der Infrastruktur und der Leistungen bereitgestellt, in dem die sogenannten Configuration-Items (CI) identifiziert, kontrolliert, gewartet und verifiziert werden. Typische CI sind Server, Netzwerkkomponenten, Desktops oder Software-Lizenzen, aber auch Störungen, Serviceanfragen, bekannte Fehler, SLAs, interne Serviceverträge, Serviceverträge mit Lieferanten, Informationen über Lieferanten, Mitarbeiter, Standorte oder Geschäftseinheiten. Die Aufgaben des Configuration Managements sind der Produktions-Steuerung zuzuordnen, da es sich im wesentlichen um die Verwaltung und Bereitstellung konfigurationsrelevanter Informationen handelt.

Abb. 83 zeigt die Zuordnung der Aufgaben des ITIL Service Support zum IIM-Modell übersichtsartig.

ITIL-Module	ITIL-Aufgaben	Baustein im IIM-Modell
Incident-Management	Aufnahme und Bearbeitung von Störungen und Serviceanfragen	Produktions-Steuerung
	Koordination, Überwachung und Kommunikation	Produktions-Steuerung
Problem-Management	Problem- und Fehlerkontrolle	Produktions-Steuerung
	Proaktives Problem-Management	Produktions-Steuerung
	Bereitstellen von problembezogenen Informationen	Produktions-Steuerung
Change-Management	Aufnahme, Bearbeitung und Koordination von servicespezifischen RFCs	Delivery-Planung/Produktions-Planung/Entwicklungs-Planung/Portfolio-Planung
	Aufnahme, Bearbeitung und Koordination von infrastruktur- und anwendungsspezifischen RFCs	Produktions-Planung/Entwicklungs-Planung/Produktions-Steuerung/Entwicklungs-Steuerung
Release-Management	Versionsplanung	Produktions-Planung/Entwicklungs-Planung
	Versionsentwicklung und -einführung	Produktions-Steuerung/Entwicklungs-Steuerung
Configuration-Management	Aktualisierung des Config.-Mgnt.-Planes	Produktions-Steuerung
	Identifikation und Kontrolle der Komponenten	Produktions-Steuerung
	Informationsbereitstellung und Berichte	Produktions-Steuerung

Abb. 83. Zuordnung der Aufgaben des ITIL Service Support zum IIM-Modell

ITIL-Module mit mittlerer Granularität

Die Stärken der ITIL liegen zweifelsohne in den Modulen Service Delivery und Service Support. Die Module ICT Infrastructure Management und Application Management enthalten deutlich weniger detaillierte Informationen.

Das Modul *Application Management* umfaßt die wesentlichen Aufgaben zum Management des Anwendungssystem-Lebenszyklus. Die ITIL lehnt sich dabei an die klassischen Vorgehensmodelle der Softwareentwicklung an und unterscheidet die Phasen Requirements, Design, Build, Deploy, Operate und Optimize. Innerhalb des IIM-Modells findet die Anforderungsanalyse (Requirements-Analysis) im Rahmen der Delivery-Planung statt. Die anderen Phasen des ITIL Application Managements sind Aufgabe der Entwicklungs-Planung und -Steuerung.

Das *ICT Infrastructure Management* beschreibt die Phasen und Aufgaben des IT-Infrastruktur-Lebenszyklus. Die Design- und Planungsphase beschäftigt sich zunächst mit der Bereitstellung von Richtlinien für die Entwicklung und Implementierung einer anforderungsgerechten IT-Infrastruktur. Hierbei werden in der ITIL die Bereiche Technologie (d.h. Mainframes, verteilte Systeme, Netzwerke, Desktops und Mobile Devices), Architekturen, operationelle Prozesse und Managementmethoden abgedeckt. Dabei handelt es sich um Aufgaben der Produktions-Strategie und Produktions-Planung. In der Deployment-Phase wird die ICT-Infrastruktur entsprechend den in der Design- und Planungsphase definierten Anforderungen implementiert. Dies ist eine Aufgabe der Produktions-Planung. Der ITIL Operations Prozeß sichert ein effektives, operationales Management der IT-Infrastruktur, einschließlich der notwendigen Organisation und Wartung. Er stellt somit die Kernaufgabe der operativen Produktions-Steuerung dar. Der Technical-Support bildet ein „technical center of excellence", in welchem kompetentes technisches Know-how aus den Bereichen Operations und Deployment bereitgestellt wird. Der Technical-Support ist eine Aufgabe im Rahmen der Produktions-Planung.

ITIL-Module mit niedriger Granularität

In den ITIL-Modulen der untersten Granularitätsebene finden sich nur sehr allgemeine inhaltliche Beschreibungen. Aus diesem Grund wird auf eine detaillierte Beschreibung verzichtet.

Abb. 84 zeigt übersichtsartig das Ergebnis der Einordnung der ITIL-Module in das IIM-Modell. Es zeigt sich, daß die ITIL nur Teilbereiche abdeckt. Für das Lieferanten- und Portfolio-Management sowie die strategischen Bereiche des Entwicklungs-, Produktions- und Kunden-Managements liefert die ITIL nur wenige, sehr allgemeine Hinweise. Für die planerischen und steuernden Bereiche des Entwicklungs-, Produktions- und Kunden-Managements können Inhalte der ITIL dahingegen intensiv genutzt werden. Allerdings ist auch hier eine vollständige Abdeckung durch die ITIL nicht gegeben. Wichtige Modellelemente wie Aufgaben, Rollenträger, Dokumente, Methoden oder Inputs/Outputs werden innerhalb der ITIL gar nicht oder unvollständig adressiert. Beispielsweise finden sich innerhalb der ITIL keine Hinweise auf Aufgaben für den Einsatz kunden- und segmentspezifischer Kommunikationsinstrumenten (darunter fallen beispielsweise Werbemaßnahmen) oder die Distributionssteuerung hardwarenaher IT-Leistungen.

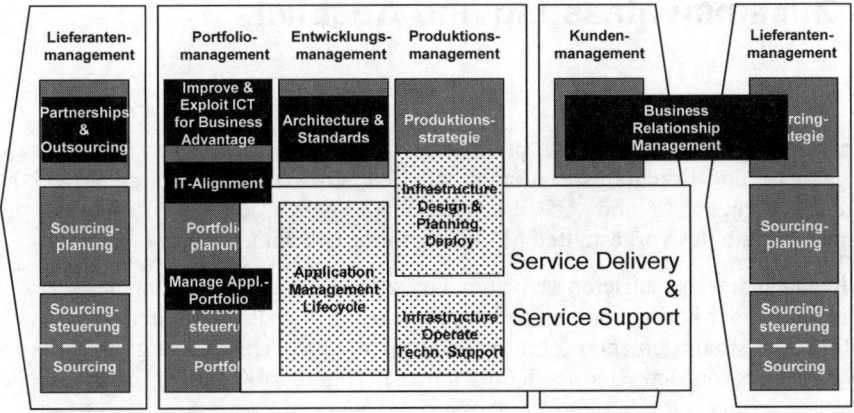

Abb. 84. Einordnung der ITIL-Module in das IIM-Modell

Für das Informationsmanagement bedeutet dies, daß die Umsetzung von und die Ausrichtung nach ITIL für die Gestaltung einer serviceorientierten IT-Leistungserstellung nicht genügt. Es darf nicht erwartet werden, daß ein IT-Leistungserbringer alleine durch die Einführung ITIL-konformer Managementprozesse Wettbewerbsvorteile erzielen kann. Zusätzlich zur ITIL sind weitere Managementaufgaben und -bereiche zu berücksichtigen, wobei die obige Analyse und eine detailliertere Betrachtung des IIM-Modells Hinweise liefern. Dennoch kann die ITIL sinnvoll genutzt werden, etwa um bestehende und etablierte Best Practices in das operative Entwicklungs-, Produktions- und Kunden-Management einfließen zu lassen.

5 Zusammenfassung und Ausblick

Abschließend möchten wir im Sinne einer "Management Summary" die zentralen Ergebnisse und Erkenntnisse zusammenfassen, sowie einen Ausblick auf zukünftige Themengebiete und Arbeitsschwerpunkte geben, die zur Vertiefung und Ausgestaltung des vorgestellten Modells erforderlich sind.

Wir haben uns bei unseren Arbeiten von zwei Grundsätzen leiten lassen. Zum einen von einer konsequenten Produktorientierung aller Prozesse und Aufgabe des Informationsmanagements. Zum anderen von einer Übertragung erfolgreicher Managementkonzepte aus der industriellen Fertigung auf die IT-Leistungserstellung.

Im Mittelpunkt einer produktorientierten Betrachtung steht der Output der IT-Leistungserstellung, d.h. die IT-Produkte und IT-Leistungen. Aus Sicht der Kunden und Anwender stellt ein IT-Produkt ein Bündel von IT-Leistungen dar, mit Hilfe dessen ein Geschäftsprozeß oder ein Geschäftsprodukt unterstützt wird. Im Zuge einer konsequenten Kundenorientierung der IT-Leistungserstellung müssen alle Aktivitäten innerhalb des Informationsmanagements auf das Ziel ausgerichtet sein, kundengerechte Produkte auf wirtschaftliche Art und Weise herzustellen. Der produktorientierte Ansatz bietet dabei eine Reihe von Vorteilen:

- Er steigert die Effektivität der IT-Bereiche durch den Einsatz kundenorientierter Managementmethoden.

- Er verbessert die Zusammenarbeit mit den Kunden und erlaubt es, Kundenanfordungen optimal bei der Produktgestaltung zu berücksichtigen.

- Er erhöht die Transparenz der Leistungen durch den Einsatz von Produktkatalogen.

- Er schafft mehr Effizienz durch eine durchängige Kostenrechnung und Kalkulation.

- Er fördert die Marktfähigkeit der IT-Bereiche durch den Einsatz von Preisbildungsverfahren.

Während produktorientierte Managementkonzepte im Bereich des Informationsmanagements noch nicht sehr verbreitet sind, nehmen sie in anderen Branchen bereits seit vielen Jahren eine zentrale Rolle ein. Das Informationsmanagement kann von diesem existierenden Erfahrungsschatz profitieren, indem erfolgreiche Managementkonzepte aus anderen Branchen, z.B. der Industrie- und Dienstleistungsbranche, übertragen und adoptiert werden. Dies gilt insbesondere für Konzepte der Kosten- und Leistungsrechnung, des Qualitätsmanagements, der Produktionsplanung und -steuerung, der Produktprogrammplanung und der integrierten Leistungserstellung.

Das vorgestellte Modell eines integrierten Informationsmanagements stellt ein Rahmenwerk dar, das zur Umsetzung eines produktorientierten Informationsmanagements genutzt werden kann. Die Prozesse "Source", "Make", und "Deliver" decken die beschaffungs-, produktions- und absatzwirtschaftlichen Aufgaben eines IT-Dienstleisters ab:

- Der *Source-Prozeß* des IT-Dienstleisters hat für die Beschaffung der nicht selber hergestellten Leistungsbestandteile der IT-Produkte zu sorgen. Der Source-Prozess des Leistungsabnehmers ist für den Einkauf der IT-Produkte vom IT-Dienstleister verantwortlich.

- Der *Make-Prozeß* umfaßt alle Aufgaben zur Herstellung der IT-Leistungen.

- Der *Deliver-Prozeß* bildet die Kundenschnittstelle des IT-Dienstleisters und beinhaltet die Vertriebs- und Marketingaufgaben für die IT-Produkte.

Die Umsetzung integrierter Informationsmanagementkonzepte auf der Basis des Source-Make-Deliver-Prinzips hat eine Reihe wesentlicher Konsequenzen:

- Einführung eines *Produkt-Portfolio-Managements* beim Leistungsabnehmer und IT-Dienstleister: Das Produkt-Portfolio des Leistungsabnehmers bildet dessen Bedarf an IT-Produkten ab. Es stellt somit die Nachfrageseite dar. Das Produkt-Portfolio des IT-Dienstleisters beinhaltet die bereitgestellten IT-Produkte. Es stellt die Angebotsseite dar. Das Produkt-Portfolio muß in Form eines Produktkatalogs beschrieben werden, der Funktionalität, Qualität und Kosten der IT-Produkte aus Kundensicht darstellt.

- Einführung *lebenszyklusorientierter Managementkonzepte*: IT-Produkte müssen im Rahmen des Portfolio-Managements lebenszyklusorientiert, d.h. aktiv über den Zeitverlauf, gestaltet und gesteuert werden. Der Lebenszyklus wird dabei aus einer absatzorientierten Sichtweise (Entwicklungsphase, Einführungsphase ... Rückgangsphase) und aus einer herstellerorientierten Sichtweise (Planung, Erstentwicklung ... Außerbetriebnahme) betrachtet.

- Einführung einer *Kostenrechnung für IT-Produkte* inkl. Produktergebnisrechung: Kostenträger (IT-Produkte), Kostenstellen (IT-Leistungen) und Kostenarten (IT-Ressourcen) werden in einer leistungsfähigen Ist- und Plankostenrechnung zusammengeführt. Diese ermöglicht die Kalkulation von Stückkosten eines IT-Produktes ebenso, wie die kostenmäßige Zuordnung verbrauchter IT-Ressourcen zu verkauften IT-Produkten.

- Einführung eines *durchgängigen Qualitätsmanagements*: Das Qualitätsmanagement basiert nicht auf herstellungsorientierten, d.h. technischen, Qualitätsgrössen, wie z.B. Verfügbarkeit, Antwortzeit oder Durchsatz. Statt dessen liegt der Schwerpunkt auf der Definition der kundenspezifisch zugesicherten Qualitätseigenschaften der IT-Produkte, z.B. der Nutzeneffekte und Kosteneinsparungen in den Geschäftsprozessen oder der Kundenzufriedenheit. Weitere Aufgaben sind die Überwachung des aktuellen Qualitätsgrads und die Berichterstattung.

Eine wichtige Rolle nehmen die Kosten der Nicht-Qualität ("Cost of poor quality") beim Kunden und beim IT-Dienstleister ein.

- Einführung von *Standardprozessen*: Existierende Referenzprozeßmodelle, wie z.B. ITIL oder COBIT, werden genutzt, um standardisierte Managementprozesse umzusetzen.

- Der Managementfokus liegt auf der *Herstellung von IT-Leistungen*: Anstatt sich auf das Management einer Vielzahl isolierter IT-Projekte zu konzentrieren, wird die Planung, Entwicklung und Produktion von IT-Leistungen gesamthaft gestaltet und gesteuert.

Die in diesem Buch präsentierten Konzepte und Lösungsvorschläge bilden nur einen ersten Schritt hin zu einem produktorientierten Informationsmanagement. Das vorgestellte Modell ermöglicht es, im Sinne eines Rahmenwerkes, die einzelnen Themengebiete und Aufgaben gegeneinander zu positionieren und in den Gesamtzusammenhang einzuordnen. Es muß an vielen Stellen inhaltlich konkretisiert, methodisch hinterlegt und um praxiserprobte Lösungen ergänzt werden.

Ansatzpunkte für weitere Arbeiten sehen wir insbesondere in den Bereichen IT-Produktmanagement (z.B. Erstellung von IT-Produktkatalogen), IT-Kostenrechnung (z.B. Ist-Kostenrechnung für IT-Produkte), IT-Sourcing (z.B. Übertragung von Ansätzen zum Lieferantenmanagement und zum Einkaufscontrolling aus dem traditionellen Einkauf auf das IT-Sourcing) und IT-Qualitätsmanagement (z.B. Kennzahlensysteme für das IT-Qualitätsmanagement und Adaption aktueller Qualitätsmanagementansätze, wie Six-Sigma).

Im Rahmen des Kompetenzzentrums "Integriertes Informationsmanagement" arbeiten wir am Institut für Wirtschaftsinformatik der Universität St. Gallen gemeinsam mit mehreren Praxispartnern an diesen und weiteren Fragestellungen. Auf der Grundlage der in diesem Buch vorgestellten Ideen werden so im Laufe der kommenden Jahre konkrete Vorgehensmodelle und Lösungen für die Praxis entstehen.

6 Literaturverzeichnis

Balzert H. (1998): Lehrbuch der Software-Technik: Software-Management, Software-Qualitätssicherung, Unternehmensmodellierung. Vol. 2, Spektrum, Berlin.

Balzert H. (2000): Lehrbuch der Software-Technik: Software-Entwicklung. Vol. 1, 2. Aufl., Spektrum, Berlin.

Boeh A., Meyer M. (2004): IT-Balanced Scorecard: Ein Ansatz zur strategischen Ausrichtung der IT. In: Zarnekow R., Brenner W., Grohmann H. H. (Hrsg.): Informationsmanagement - Konzepte und Strategien für die Praxis, dpunkt, Heidelberg, S.

Brunner H., Gasser K., Pörtig F. (2004): Strategische Informatikplanung - Ein Erfahrungsbericht. In: HMD - Praxis der Wirtschaftsinformatik, Nr. 232.

Cap Gemini Ernst & Young (2003): Studie IT-Trends 2003: Wohin geht die Reise. Berlin.

Carr N. G. (2003): IT Doesn't Matter. In: Harvard Business Review, Nr. May, S. 41-49.

DeutscheTelekom (2001): Produktkatalog ZB Billing Services. Darmstadt.

Dietrich L., Schirra W. (2004): IT im Unternehmen - Leistungssteigerung bei sinkenden Budgets - Erfolgsbeispiele aus der Praxis. Springer, Berlin.

Dumke R., Rautenstrauch C., Schmietendorf A., Scholz A. (2001): Performance Engineering: State of the Art and Current Trends. Springer, Berlin.

Ellermann H. (2003): IT bei den DAX-30-Unternehmen. In: CIO, Vol. 3, Nr. Januar/Februar 2003, S. 12-18.

Eversheim W. (1990): Organisation in der Produktionstechnik. Vol. 1, 2. Aufl., VDI-Verlag, Düsseldorf.

Fürer P. (1994): Prozesse und EDV-Kostenrechnung - Die prozessbasierte Verrechnungskonzeption für Bankrechenzentren. Bern.

Heinen E. (1991): Industriebetriebslehre: Entscheidungen im Industriebetrieb. 9. Aufl., Gabler, Wiesbaden.

Hinterhuber H. H. (1992): Strategische Unternehmensführung, Band 1: Strategisches Denken. Berlin.

Hochstein A., Wetzel Y., Brenner W. (2004): Fallstudie: ITIL-konformer Service Desk bei T-Mobile Deutschland. In: HMD - Praxis der Wirtschaftsinformatik, Vol. 41, Nr. 237, S. 32-42.

Hoffmann H. J. (1994): Wertanalyse - Die westliche Antwort auf Kaizen. Ullstein, Frankfurt am Main.

ISACA (2004): Cobit, 3rd edition. www.isaca.org/cobit.htm.

IT Governance Institute (2003): Board Briefing on IT Governance, 2nd edition. Rolling Meadows, www.itgovernance.org.

Jahn H. C., Meyer T. D., al-Ani A., Ackermann W., Bechmann T., El Hage B. (2002): Informationstechnologie als Wettbewerbsfaktor. Studie Accenture und Universität St. Gallen.

Jouanne-Diedrich H. v. (2004): 15 Jahre Outsourcing-Forschung: Systematisierung und Lessons Learned. In: Zarnekow R., Brenner W., Grohmann H. H. (Hrsg.): Informationsmanagement - Konzepte und Strategien für die Praxis, dpunkt, Heidelberg, S. 125-133.

Kotler P. (2002): Marketing Management. Prentice Hall.

Lamberti H.-J. (2002): Herausforderungen an die IT in einem globalen Finanzdienstleister. Gastvortrag an der Universität St. Gallen, 5. November 2002.

Mai J. (1996): Konzeption einer controllinggerechten Kosten- und Leistungsrechnung für Rechenzentren. Frankfurt am Main.

Matys E. (2002): Praxishandbuch Produktmanagement. Campus, Frankfurt.

Miles L. (1972): Techniques of Value Analysis and Engineering. 2. Aufl., New York.

OGC (2000): ITIL - Best Practice for Service Support. The Stationary Office, Norwich.

OGC (2002): ITIL - Best Practice for ICT Infrastructure Management. The Stationary Office, Norwich.

Schmutte A. M. (2002): Six Sigma im Business Excellence Prozess. In: Bühner R. (Hrsg.): Organisation, Loseblatt, 30. Nachlieferung. Aufl., Verlag Moderne Industrie, S.

Schweitzer M. (1994): Industriebetriebslehre. 2. Aufl., Franz Vahlen, München.

Sebastian K.-H., Maessen A. (2003): Strategisches Preismanagement. In: Campus Management. Vol. 1, Campus Verlag, Frankfurt/Main, S. 418-421.

Stone L. (2002a): Matching enterprise needs with the right external sources. Gartner Research Note, Nr. K-18-3939.

Stone L. (2002b): Critical Success Factors for Outsourcing Relationships. Gartner Research Article Top View, Nr. AV-18-1098.

Supply-Chain Council (2003): Supply-Chain Operations Reference-model: Overview Version 6.0. Supply-Chain Council Inc., Pittsburgh.

Thiel W. (2002): IT-Strategien zur aktuellen Marktlage. 8. Handelsblatt-Tagung Strategisches IT-Management, Bonn, 29. Januar 2002.

Zarnekow R., Hochstein A., Brenner W. (2005): Serviceorientiertes IT-Management - ITIL Best Practices und Fallstudien. Springer.

Zeithaml V. A., Berry L. L., Parasuraman A. (1988): Communication and control processes in the delivery of service quality. In: Journal of Marketing, Vol. 52, Nr. 2, S. 35-48.

Zentrum Wertanalyse (1995): Wertanalyse: Idee - Methode - System. 5. Aufl., VDI-Verlag, Düsseldorf.

Zrimsek B., Eisenfeld B., Nelson S. (2003): Defining the Business Application Life Cycle. Gartner Research Report, 04.09.2003, Nr. TU-20-8836.

7 Autoren

Dr. Rüdiger Zarnekow (ruediger.zarnekow@unisg.ch) ist Projektleiter am Institut für Wirtschaftinformatik der Universität St. Gallen. Seit dem Jahr 2002 leitet er das Kompetenzzentrum "Integriertes Informationsmanagement". Er beschäftigt sich schwerpunktmässig mit Trends und Entwicklungen im Bereich des Informationsmanagements und des Electronic Procurements. Daneben ist er geschäftsführender Gesellschafter der ITMC Informatik Technologie Management Consulting GmbH. Dr. Zarnekow promovierte an der Technischen Universität Freiberg über die Einsatzmöglichkeiten von Softwareagenten innerhalb des Electronic Commerce. Von 1995 bis 1998 war er bei der T-Systems Multimedia Solutions GmbH beschäftigt, zuletzt als Leiter des Projektfelds Electronic Commerce. Er studierte Wirtschaftsinformatik an der European Business School, Oestrich-Winkel und absolvierte ein Aufbaustudium zum Master-of-Science in Advanced Software Technologies an der University of Wolverhampton, England.

Prof. Dr. Walter Brenner (walter.brenner@unisg.ch) ist Professor für Wirtschaftsinformatik an der Universität St. Gallen und geschäftsführender Direktor des Instituts für Wirtschaftsinformatik. Von 1999 bis 2001 war er Professor für Wirtschaftsinformatik und Betriebswirtschaftslehre an der Universität Essen und davor von 1993 bis 1999 Professor für Allgemeine Betriebswirtschaftslehre und Informationsmanagement an der TU Bergakademie Freiberg. Von 1989 bis 1993 leitete er das Forschungsprogramm Informationsmanagement 2000 am Institut für Wirtschaftsinformatik der Hochschule St. Gallen. Prof. Brenner war von 1985 bis 1989 Mitarbeiter der Alusuisse-Lonza AG in Basel, zuletzt als Leiter der Anwendungsentwicklung. Er studierte und promovierte von 1978 bis 1985 an der Hochschule St. Gallen. Seine Forschungsschwerpunkte liegen in den Bereichen Informationsmanagement, Customer Relationship Management und neue Technologien. Daneben ist er freiberuflich als Berater in Fragen des Informationsmanagements und der Vorbereitung von Unternehmen auf die digitale vernetzte Welt tätig. Prof. Brenner hat 13 Bücher und mehr als 120 Artikel veröffentlicht. Er ist Mitglied in einer Reihe von Beiräten, Aufsichtsräten und Verwaltungsräten.

Uwe Pilgram (uwe.pilgram@t-system.com) studierte in Tübingen Volkswirtschaftslehre. Von 1967 bis 1984 arbeitet er bei IBM Deutschland in leitenden Funktionen der Anwendungsentwicklung, des Produktmanagements und im Vertrieb. Danach half er beim Aufbau der Datenverarbeitungstochter der Metallgesellschaft MGI, einer der ersten IT-Töchter eines Konzerns in Deutschland. Anschließend hat er bei der BASF Aktiengesellschaft die konzernweite Anwendungsentwicklung und ein Projekt zur Konsolidierung der Europäischen Rechenzentren des BASF Konzerns geleitet und die dann konsolidierten Rechenzentren geführt. Seit 1995 arbeitet Herr Pilgram für die Deutsche Telekom. Dort hat er den IT-Betrieb der T-Mobil Deutschland aufgebaut und in der Konzernzentrale das strategische IT-Management ausgestaltet. Er beschäftigt sich derzeit mit der Entwicklung des konzernexternen IT-Geschäfts des Konzerns. Herr Pilgram ist verheiratet und hat zwei Töchter.

Druck: Strauss GmbH, Mörlenbach
Verarbeitung: Schäffer, Grünstadt